107种意大利本土甜点的起源与做法

意大利甜点图鉴

[日] 佐藤礼子　著
刘宸玮　译

带你读懂甜点背后的
历史和风土孕育的故事

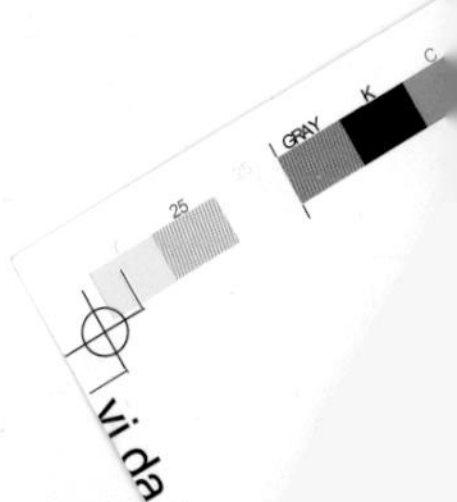

Il Forno dei Navigli
MARRON GLACE CIOCCOLATO
PISTACCHI INTERI NUTELLA
20.00
NOCCIOLE CIOCCOLATO
20.00
TUTTA MANDORLE
CREMA DI MANDORLE E PINOLI
20.00
SACHER PISTACCHI
23.00

前言

20世纪90年代，我在日本的意大利餐厅工作，那时日本人对意大利的甜点还知之甚少。从意大利回来的主厨给了我一份甜点食谱，粗略地讲了讲上面写的甜点是什么样的，我就借助仅有的这一点知识来做意大利甜点。这是一份富有创意、令人愉快的工作，我原本已经选择投身烹饪行业，却在不知不觉中醉心于意大利甜点的世界。有一天，主厨借给我一本意大利杂志，杂志上令人眼花缭乱的褐色烘焙甜点和新奇艳丽的各色异国风情甜点让我看得着了迷，它们的鲜明对比给我留下了深刻的印象。从那天开始，我就一直怀着前往当地亲口品尝的梦想，直到2004年留学学习甜点才终于圆梦。留学时，我得知之前在杂志上见到的“异国风情甜点”是西西里岛的甜点，便毫不犹豫地决定到西西里岛的甜品店打工。此后16年来，我把西西里岛作为我的“大本营”，环游了意大利各地，尝遍了各地的特色甜点。

意大利各地都有传统的甜点，几乎每个城镇都有自己的招牌甜点。意大利人讲起本地的招牌点心就滔滔不绝，他们讲的内容涵盖当地历史、乡土人情、宗教情况等众多方面。我通过甜点学习意大利的历史和文化，深刻感受到饮食文化是在历史长河中积淀形成的。

意大利甜点数不胜数，这本书主要从中选择传统甜点进行介绍。执笔之际，我对每款甜点一一重新调查，为了给出食谱还反复尝试制作。在这个过程中，我脑海里产生一个疑问：什么是传统？现在我们讲的“传统甜点”，在当初发明之时当然都是“新式甜点”，后来它们逐渐吸收新的潮流，随着时代发展变化至今。如今我再次强烈地感受到，传统不是“一成不变”，而是虽然缓慢变化却“万变不离其宗”。

本书为尽量使读者都能制作成功，对意大利当地的食谱稍有改动。衷心希望各位读者朋友们能通过这本书，感受意大利甜点的美味和深邃内涵。

佐藤礼子

意大利甜点：领略面粉的美味

意大利有很多自古流传至今的甜点，而且据说每种甜点都有数不清的变种。原因就在于意大利的历史和地理环境。

意大利的国土是伸入地中海的半岛，自公元前起，一直与当时文明发达的阿拉伯国家和古希腊保持着活跃的贸易往来。因此，意大利很早就接触、吸收了新的食材和甜点制作技术，比其他西方国家更早诞生了绚烂的饮食文化。而且，意大利是小国家的集合体，它们的历史各不相同。各国分别受哪些国家统治、与哪些国家建交，这些不同的历史带来了不同的食材、形成了不同的文化，随之产生了丰富多样的甜点。其次，意大利半岛位于欧洲南部，得益于当地温暖的地中海气候，粮食产量丰富，这也是甜点种类丰富的一大原因。还有，意大利南北狭长，既坐拥山地，又三面环海，因此各地气候条件也有差异。不同土壤产出的食材不同，所以即使在同一个大区内，各地也会采用本地特产食材来制作甜点。

意大利甜点大致可以分为三类。第一类在面粉、乳制品等种类有限的食材基础上精心制作，每逢节日不可或缺，这就是“田园甜点”。它们的特点是工艺简单、味道朴素而可口。第二类甜点自公元前流传至今，原来是用于供奉神灵的供品，11世纪以后在权力强大的基督教会推动下发展成“修道院甜点”，特点是大量使用当时非常珍贵的白糖和香料。此外，还有受贵族之命、为宴请外国国王而制作的“宫廷甜点”，这种新颖华丽的甜点在宫廷晚宴上食用。

三类意大利甜点有一个共同的特点，那就是都能让人品尝到面粉的美味。意大利是一个谷物大国，几乎全国都生产小麦。有的甜点第一眼看上去朴素无华，但细细咀嚼却能真切感受到面粉的清香，口中弥漫着面粉的香甜滋味。

意大利是基督教国家，在这里，宗教和甜点的发展历程紧密相关。因此，宗教用的庆典甜点不仅在修道院内制作，在普通大众间也广泛流传，再加上意大利人信仰虔诚的国民性，这些传统甜点得以一直流传到今天。不论何时，意大利的传统甜点都点缀着人们的生活。小小的一款甜点中，也能窥见地域特色和历史背景。我想这就是意大利甜点带给我们最大的趣味吧。

目录

北部 NORD

榛果蛋糕 ——4

淑女之吻 ——6

克鲁米里饼干 ——7

猫舌饼干 ——8

蛋白糖霜 ——9

萨伏依饼干 ——10

萨芭雍蛋酒酱 ——10

可可布丁 ——12

苦杏仁饼 ——12

意式奶冻 ——14

瓦片饼干 ——16

科涅巧克力蛋奶酱 ——16

梅花小饼干 ——18

热那亚甜面包 ——20

杏仁酥碎饼 ——22

天堂蛋糕 ——24

曼托瓦饺子饼干 ——26

波伦塔之爱 ——28

丑糕 ——30

巧克力萨拉米 ——32

嘎吱糖霜脆 ——33

波伦塔与小鸟 ——34

复活节鸽子面包 ——36

潘娜托尼面包 ——38

丑萌饼干 ——41

意式米糕 ——42

糖霜意面挞 ——44
教皇糕 ——46
海绵馅饼 ——48
修道院蛋糕 ——50
沙砾蛋糕 ——52
金黄玉米饼干 ——54
小鱼面包干 ——55
维琴察罗盘甜甜圈 ——56
品萨饼 ——58
牛奶炸糕 ——60
提拉米苏 ——62
黄金面包（潘多罗面包）——64
珍宝蛋糕 ——66
荞麦蛋糕 ——68
薄酥卷饼 ——70
油炸面旋 ——72
克拉芬 ——74
面包糠丸子 ——76
皮特挞 ——78
曲纹面包 ——80
荆棘王冠酥 ——82
专栏 1 意大利的巧克力文化 ——84
专栏 2 意大利的宗教节日和庆典甜点 ——86
专栏 3 与甜点有关的意大利庆典 ——90

中部 CENTRO

意式栗子蛋糕 ——94
蜂蜜果脯糕 ——96
裂纹菱形饼干 ——98
轻歌脆饼 ——99

佛罗伦萨扁蛋糕 ——100
圆帽蛋糕 ——102
栗子可丽饼 ——104
英式甜羹 ——105
蛋奶风味烤布丁 ——106
鲜葡萄扁面包 ——108
亮彩蛋糕圈 ——110
圣公斯当休面包圈 ——112
蛇形杏仁糕 ——114
什锦果脯扁糕 ——116
果干玉米饼 ——118
羊奶酪饺子饼干 ——119
胭脂夹心饼 ——120
白葡萄酒小甜甜圈 ——122
罗马奶油夹心面包 ——124
专栏4 意大利各地区饼干比较 ——126

南部 SUD

田园粗粮蛋糕 ——130
卡普里巧克力蛋糕 ——132
奶酪夹心千层酥 ——134
奶酪麦粒格纹挞 ——136
柠檬小蛋糕 ——138
圣约瑟油炸泡芙 ——141
朗姆巴巴 ——142
帕罗佐巧克力蛋糕 ——144
花纹松饼 ——146
莱切夹心小蛋糕 ——148
意式小甜甜圈 ——150
普利亚救赎面包 ——152

修女酥胸 ——154
蜂蜜卷 ——155
坚果贴贴卷 ——156
十字杏仁无花果干 ——158
专栏 5　意大利修道院的历史和功能 ——160

岛部 ISOLE

曼多瓦酥饼 ——164
开心果蛋糕 ——166
牛肉馅饺子饼干 ——168
女王饼干 ——170
缤纷杏仁饼干 ——171
热那亚饼干 ——172
无花果泥环形酥 ——174
圣约瑟海绵泡芙 ——176
意式香炸奶酪卷 ——178
潘泰莱里亚之吻 ——180
蜂蜜油炸小松果 ——182
西西里卡萨塔蛋糕 ——184
水果啫喱 ——186
意式冰沙 ——187
奶酪麦粒羹 ——188
杏仁牛奶布丁 ——189
甜粗麦粉 ——190
杏仁面果 ——192
复活节羔羊 ——194
烤杏仁糖 ——195
婚礼杏仁挞 ——196
尖角奶酪挞 ——198
菱形提子饼干 ——200

婚礼花卷 ——202
羊奶酪蜂蜜炸果 ——204
专栏6 来自外国的甜点 ——206
专栏7 意大利的国民食品：意式冰激凌 ——208
专栏8 意大利的酒吧文化和早餐甜食 ——209

甜点基底配方 ——210
其他的基底和奶油 ——213
食材详解 ——214

意大利甜点术语 ——220
甜点相关意大利语词汇一览表 ——222
字母索引 ——223
意大利甜点的历史 ——226

本书部分用语解释

种　　类：分为馅饼（见P.220解释）糕点、意式饼干、烘焙甜点、油炸甜点、湿点心（含水量30%以上的点心）、调羹点心［即所谓的“水点心”，在意大利语中都叫作“dolce al cucchiaio（用勺子吃的点心）”］、面包或发酵甜点、杏仁糖点及其他甜点。分类标准是看该甜点从广义上最能体现哪种类别的特征。

场　　景：本书将甜点按照食用的主要场景分为居家零食、甜品店点心、面包店点心、酒吧或餐厅点心、庆典甜点。

关于配方：1大匙为15毫升，1小匙为5毫升。黄油是指无盐黄油。烤箱的温度和烤制时间仅供参考，请根据实际情况调整。此外，食材详解等请参考P.214起的说明。

北部
NORD

北国特色浓郁风味甜点——采用荞麦面、玉米面等寒冷地带食材

意大利北部毗邻法国、瑞士、奥地利、斯洛文尼亚等国家，以阿尔卑斯山脉为天然国境线。在漫长的历史进程中，意大利北部受周边各邻国的影响，形成了独具特色的饮食文化。这里冬季气温低、有积雪，比起气候温暖的南方地区，可栽培的农作物种类较少。不过，运用当地的食材创造出的北意大利甜点中，却有不少风味浓郁的美食。

意大利的波河流经伦巴第大区和艾米利亚-罗马涅大区，该河流域的平原地区乳畜业非常发达。丰富的降水、18世纪以来灌溉设施的完善和牧草栽培技术的改良，使当地得以盛产黄油、鲜奶油等乳制品，而这些乳制品也用于制作甜点。说不定是人们为了抵御严寒，需要用这些食物来温暖身体、储存能量吧。这一地区也是软质小麦和大米的产地，很多甜点也用到了这两种食材。在山岳地带，冬季严寒，土地贫瘠，难以栽培小麦，所以甜点制作多采用荞麦面、玉米面等粗粮面，是一大特色。在山区，栗子和榛子曾经是非常宝贵的主要营养来源。水果则有苹果、桃、杏、樱桃等，人们把它们制成果酱或蜜饯来保存。

中世纪时，佛罗伦萨和热那亚与东方国家贸易往来兴盛，通过中东贸易通道进口的白糖、香料数量激增。哥伦布发现新大陆后的16世纪，可可豆传入了皮埃蒙特。像这样，意大利北部地区对整个意大利的甜点文化发展也产生了巨大影响。

今天，在米兰及周边城市，许多“年轻”的甜点店都在积极追赶新的饮食潮流。不过，在都灵、佛罗伦萨等地，仍有很多拥有数百年创业历史的传统甜点店和咖啡馆。

榛果蛋糕

TORTA DI NOCCIOLE

口感松软、入口即化的浓香榛子风味蛋糕

种类：馅饼糕点　　场景：居家零食、甜品店点心

在皮埃蒙特大区南部的朗格山一带，美丽的葡萄地一望无垠。这里优美的风景现已被列为世界遗产，是红酒迷们熟知的巴罗洛、巴巴莱斯科等知名红酒品种的产地。同时，这一带也是享誉世界的榛子产地，主要出产的榛子品种叫作“通达金泰利（Tonda Gentile）”。这个品种香气馥郁，口味浓厚。

榛树果实很像橡子，圆形外壳中只有一颗果实，意大利人习惯在冬季的餐桌摆上带壳的榛子，吃的时候自己剥开吃。

在皮埃蒙特，榛果蛋糕不管是在家庭餐桌上还是在甜品店里都很受欢迎，有的甜品店甚至还出售精心包装过的礼品级榛果蛋糕。据说，过去农民们从夏末、秋季收获的榛子中挑出卖相不好的磨成粉，到了圣诞节就做成蛋糕，这就是榛果蛋糕的起源。最初的蛋糕里不加低筋面粉和可可豆，但是现在很多配方都会加入这两种材料来塑形、提香。

有一位生长在皮埃蒙特的朋友说：“烤好榛子就是做好蛋糕的关键。”皮埃蒙特的榛子经过烘烤后风味更加强烈。榛果蛋糕本来就是一种简单朴素的甜点，所以优质的食材就显得尤为重要。

一到秋天，榛子上市，在市场上论斤卖。最高品质的榛子1千克也仅需5欧元。

榛果蛋糕

材料

去壳榛子……100克
细砂糖……100克
鸡蛋黄……2个
鸡蛋清……2个量
黄油（融化）……20克
A
- 低筋面粉……100克
- 泡打粉……10克
- 可可粉……2小匙

做法

1. 把榛子放入预热至180℃的烤箱中，烘烤10分钟，取出后与25克细砂糖一起放入料理机中，打成粉状。
2. 把鸡蛋黄和剩余的细砂糖倒入碗中，用打蛋器充分搅拌；加入融化的黄油后继续搅拌；最后加入步骤1中制作榛子粉，搅拌混合。
3. 鸡蛋清打至八成发，用刮刀盛一半放入步骤2的混合物中，再加入A中所有材料搅拌。
4. 加入另一半打发的蛋清，轻轻搅拌，注意不能消泡。搅拌均匀后倒入铺有烘焙纸的模具中，放入预热至180℃的烤箱中烘烤约40分钟即可。

淑女之吻

BACI DI DAMA

意式榛子巧克力饼干

◆◆◆◆◆◆◆◆◆◆◆◆◆◆◆◆◆◆◆

种类：意式饼干
场景：居家零食、甜品店点心

两片饼干的造型就像接吻的嘴唇，所以被叫作“淑女之吻”。今天“淑女之吻”在皮埃蒙特大区随处可见，但它其实起源于东南部的托尔托纳市。据说，“淑女之吻”在1852年受当时统治这一带的萨伏依王室的维托里奥·埃马努埃莱二世称赞，随后风靡欧洲。“淑女之吻”有各种大小，小的一口一个，大的直径有5厘米以上，有时也加入杏仁或可可豆。

淑女之吻

材料

A
- 低筋面粉……200克
- 细砂糖……200克
- 杏仁粉……200克
- 香草粉……2克
- 盐……3克

黄油（常温软化）……200克
纯黑巧克力……200克

做法

1. 把A中所有材料倒入碗中混合，稍加搅拌。把常温下软化的黄油切成1厘米见方的小块后加入碗中，用手揉成一个均匀的面团。
2. 把面团揉成一个个直径2厘米的小球，摆在铺有烘焙纸的烤盘上。
3. 放入预热至180℃的烤箱中，烤约15分钟后放凉。把受热裂开的饼干翻转，底面朝上。
4. 把巧克力切碎，隔水加热至化开，将其涂在步骤3中饼干的其中一面上，再把两块饼干合在一起，做成球状。剩下的饼干也用同样的方法处理即可。

克鲁米里饼干

KRUMIRI, CRUMIRI

月牙形的经典香草风味饼干

◆◆◆◆◆◆◆◆◆◆◆◆◆◆◆◆◆◆◆◆◆◆◆◆

种类：意式饼干
场景：居家零食、甜品店点心

克鲁米里饼干是流传于都灵以东的卡萨莱–蒙费拉托市的特色饼干。现在这种甜点在意大利已经非常常见，全国的超市都可以找到，但最初是甜点师多梅尼科·罗西于1878年制作的。之所以做成弯曲的形状，是为了纪念同年逝去的意大利统一后第一任国王维托里奥·埃马努埃莱二世，模仿了国王胡子的样子。这种饼干口感偏硬，闻起来有黄油和香草的芳香，是一款带有怀旧气息的经典点心，传统吃法是搭配蛋酒酱或巧克力酱一起食用。

克鲁米里饼干

材料

低筋面粉……350克
黄油……110克
细砂糖……140克
全蛋……1个
鸡蛋黄……1个
香草粉……少量
盐……2克

做法

1. 把除低筋面粉之外的所有材料放入碗中，用打蛋器充分搅拌混合，再加入低筋面粉，用手将其整体均匀混合。
2. 倒入装有直径1厘米锯齿形裱花嘴的裱花袋中，在铺有烘焙纸的烤盘上挤出长约5厘米的月牙形。
3. 放入预热至180℃的烤箱中烘烤约15分钟即可。

猫舌饼干

LINGUE DI GATTO

源自法国的黄油风味饼干

◆◆◆◆◆◆◆◆◆◆◆◆◆◆◆◆◆◆◆

种类：意式饼干
场景：居家零食、甜品店点心

这款饼干细长的形状就像猫的舌头，所以叫作“猫舌饼干”。据说它源于法国，而且在与法国接壤的皮埃蒙特大区也是传统甜点，不过现在已经成为风靡全欧洲的咖啡、红茶伴侣饼干。材料只需4种，而且完全等量，非常简单。饼干做得薄薄的，口感松脆。常搭配皮埃蒙特的甜葡萄酒——莫斯卡托白葡萄酒、萨芭雍蛋酒酱（→P.10）、巧克力酱等食用。

猫舌饼干

材料

黄油（常温软化）……50克
糖粉……50克
鸡蛋清……50克
低筋面粉……50克

做法

1. 把常温软化的黄油放入碗中，加入糖粉，用打蛋器搅拌至充分融合。
2. 按顺序加入鸡蛋清和低筋面粉，每次加入后都要搅拌至表面光滑。
3. 把步骤2得到的面糊倒入装有直径1厘米裱花嘴的裱花袋中，在铺有烘焙纸的烤盘上挤出长约8厘米的条形。
4. 放入预热至190℃的烤箱中烘烤8～10分钟，直至边缘微焦即可。

蛋白糖霜

MERINGHE

名字来源于首创人出生的瑞士乡村

◆◆◆◆◆◆◆◆◆◆◆◆◆◆◆◆◆◆◆◆◆

种类：意式饼干

场景：居家零食、甜品店点心

蛋白糖霜是定居瑞士的意大利裔甜点师格斯帕里尼于1700年左右首次制作的，据说这款甜点的意大利语名称“meringhe”就来源于他出生的瑞士乡村“Mellingen（梅林根）”。也叫作“spumini”。因为完全不加面粉，所以蛋白糖霜入口即溶，“呼啦呼啦”地在口中崩裂成甘甜的碎片。它们的外形大小不一，小的只有一口大，大的有拳头那么大。制作的关键是用低温缓慢烘烤，防止烤焦。

蛋白糖霜

材料

鸡蛋清……50克

细砂糖……100克

柠檬汁……5毫升

盐……1小撮

做法

1. 把鸡蛋清和盐放入碗中，用手持电动搅拌器轻微打发，然后一边逐步少量加入细砂糖和柠檬汁，一边充分打发，直到能够提起尖角。
2. 把步骤1处理的材料倒入装有直径1厘米裱花嘴的裱花袋中，在铺有烘焙纸的烤盘上挤出直径5厘米的圆形。
3. 放入预热至100℃的烤箱中烘烤约1小时，直至中心充分干燥即可。

在都灵街头发现的大号花形蛋白糖酥霜。

萨伏依饼干*

SAVOIARDI

深受萨伏依王室喜爱的经典零食

种类：意式饼干
场景：居家零食、甜品店点心

这款饼干历史悠久，据说1348年法国国王访问萨伏依王室时食用过。它口感纤细，既柔软又松脆，甚是有趣。这种经典零食常与萨芭雍蛋酒酱、巧克力酱、卡仕达酱等搭配食用。现在意大利全国超市都有售，但与手工制品稍有不同。如果想要品尝意大利贵族喜爱的味道，请一定要尝试手工制作。

*即手指饼干。

萨伏依饼干

材料

低筋面粉……125克
细砂糖……95克
鸡蛋黄……5个
鸡蛋清……5个量
糖粉……50克

做法

1. 把鸡蛋黄和50克细砂糖放入碗中，用打蛋器搅拌至黏稠。
2. 把鸡蛋清倒入另一个碗中，分三次加入剩余的细砂糖，同时打发至能提起尖角。
3. 把步骤2打发蛋清的三分之一加入步骤1的碗中，用刮刀轻轻搅拌，再加入三分之一的低筋面粉继续搅拌。剩余材料分两次重复以上操作。
4. 把步骤3的面糊倒入裱花袋中，在铺有烘焙纸的烤盘上挤出五六厘米的长条。
5. 撒上大量糖粉，放入预热至160℃的烤箱中烘烤15～20分钟即可。

萨芭雍蛋酒酱

ZABAIONE

源自中世纪的朴素蛋黄酱

种类：调羹点心
场景：居家零食

这是一款非常简单的蛋黄酱，仅仅是把蛋黄和细砂糖不停地搅拌打发至奶油状而已。1861年意大利统一之后，在蛋黄酱中加入西西里岛出产的马尔萨拉葡萄酒成为新的传统。意大利人都说“小时候生病了妈妈就做蛋酒酱”，这种做法起源于萨伏依王室。人们习惯上将它与萨伏依饼干搭配食用。

萨芭雍蛋酒酱

材料

鸡蛋黄……90克
细砂糖……50克
马尔萨拉葡萄酒……75毫升

做法

1. 把鸡蛋黄和细砂糖放入碗中，用打蛋器搅拌至轻微黏稠。
2. 加入马尔萨拉葡萄酒，然后隔水加热至80℃，其间用打蛋器不停地搅拌以混入空气，使蛋酒酱更加松软顺滑。

可可布丁

BONET

加入苦杏仁饼粉的巧克力布丁

◆◆◆◆◆◆◆◆◆◆◆◆◆◆◆◆◆◆◆

种类：调羹点心
场景：居家零食、酒吧或餐厅点心

这是皮埃蒙特大区南部朗格地区的甜点。意文名“bonet”在当地方言中意为“帽子”，据说是因为制作这种布丁的模具是帽子形的。

在16世纪以前，可可布丁中是不加入可可粉的。17世纪以来，可可传入意大利，才出现了现在的可可布丁。其特点是口感黏腻，苦杏仁和朗姆酒的香味都与可可非常相配。

可可布丁

材料

苦杏仁饼（见下半页）……50克
全蛋……2个
细砂糖……120克
牛奶……200毫升
朗姆酒……2毫升
可可粉……30克
细砂糖（焦糖用）……50克

做法

1. 把做焦糖用的细砂糖和2大匙水（配方用量外）放入锅中，不要搅拌，用中火熬至黄褐色后，立即倒入模具中。
2. 用料理机把苦杏仁饼打成粉。
3. 把鸡蛋和细砂糖倒入碗中，用打蛋器搅拌至黏稠。加入步骤2的苦杏仁饼粉末、过筛的可可粉、朗姆酒、牛奶，搅拌至均匀混合，倒入步骤1的模具中。
4. 放入预热至150℃的烤箱中，以水浴法烘烤约30分钟即可。

◆◆◆◆◆◆◆◆◆◆◆◆◆◆◆◆◆◆◆◆◆◆◆◆◆◆◆◆◆◆◆◆◆◆◆◆◆◆

苦杏仁饼

AMARETTI

口味微苦的杏仁风味曲奇饼

◆◆◆◆◆◆◆◆◆◆◆◆◆◆◆◆◆◆◆

种类：意式饼干
场景：居家零食、甜品店点心

这款饼干原型诞生于阿拉伯国家，在中世纪的文艺复兴时期流传至整个欧洲。其后由皮埃蒙特的萨伏依王室发展成现在的形状，因此成了皮埃蒙特的乡土甜点。意文名来源于意为“苦味”的单词“amaro”。正宗苦杏仁饼的苦味来源于苦杏仁的味道，若买不到苦杏仁，可用苦杏仁香精代替。

苦杏仁饼

材料

杏仁粉……75克
细砂糖……75克
鸡蛋清……25克
苦杏仁香精……5滴

做法

1. 把杏仁粉和细砂糖放入碗中，轻轻搅拌。
2. 加入打至八成发的鸡蛋清和苦杏仁香精，用刮刀混合搅拌至整体充分融合。
3. 捏成直径2.5厘米的球形，摆在铺有烘焙纸的烤盘上。放入预热至170℃的烤箱中，烘烤约15分钟，烤至金黄色即可。

意式奶冻

PANNA COTTA

极致简洁，极致美味

种类：调羹点心　　场景：居家零食、甜品店点心、酒吧或餐厅点心

意式奶冻在很多西餐厅已成为有名的餐后甜点。其意文名意为“煮鲜奶油”，是一种鲜奶油布丁，通过在鲜奶油中加入糖和吉利丁、加热煮化、放入容器中冷却硬化制成。在意大利全国上下的家庭和餐馆等各种场景中，意式奶冻都很受欢迎。

意式奶冻的起源众说纷纭。有人说它是20世纪初由一位住在朗格地区的匈牙利妇女发明的，有人说它是法国甜点“巴伐露（Bavarois）”传入皮埃蒙特后产生的变体，还有人说它是由阿拉伯国家传入西西里岛的甜点“杏仁牛奶布丁”发展而来……意式奶冻应该的确是在20世纪以后才被发明出来的，但后来的故事我们却不得而知。不过，皮埃蒙特乳畜业发达，盛产乳制品，这也许就是意式奶冻在这个地方诞生的一大原因吧。

意式奶冻原本应浇焦糖酱，但近年来常用浆果酱装饰。模具的尺寸也多种多样。

我问我的意大利朋友怎么做意式奶冻，结果出乎我的意料，很多人回答的是牛奶和鲜奶油各占一半的做法。也许是因为最近人们都重视健康，所以越来越多的人更青睐健康的轻食。如果只用鲜奶油，做出来的奶冻太黏，作为餐后甜点口感太重。“传统之所以是传统，正是因为传统会随着时间流逝而逐渐改变。”我已经不记得这是谁说过的话了，但这话可能并不假。过于追求“不变”，只会被排斥在时代潮流之外，最终消失在历史之中。只有随着时间做出改变，才有可能传向后世。这就是传统甜点的奥秘。

意式奶冻

材料

鲜奶油……200毫升
细砂糖……40克
香草荚……1/3根
吉利丁片……4克
焦糖酱
- 细砂糖……50克
- 水……50毫升

做法

1. 把吉利丁片在水（配方用量外）中浸泡10分钟，使其变软。
2. 把鲜奶油、40克细砂糖、从香草荚中剥离的香草籽放入锅中，小火加热至即将沸腾，立即加入沥干的步骤1浸泡过的吉利丁片，搅拌均匀。
3. 倒入容器中，放入冰箱冷藏约3小时。
4. 制作焦糖酱。把水倒入小锅中，加热至沸腾。把细砂糖倒入平底锅中，中火加热，待焦化至颜色变为茶褐色时，一口气加入刚才烧开的沸水，用刮刀快速搅拌，然后离火。冷却后浇在步骤3制作的奶冻上即可。

瓦片饼干

TEGOLE

浓郁坚果黄油风味的瓦片形饼干

种类：意式饼干
场景：居家零食、甜品店点心

这是位于阿尔卑斯山麓、与瑞士接壤的奥斯塔的传统饼干。圆溜溜的形状看起来就像瓦片（tegola），所以得名“瓦片饼干”。瓦片饼干混合了坚果的芳香和黄油的风味，口感松脆，这种层次丰富的味觉体验是寒冷地带的特产。在奥斯塔的大街小巷，人们把这种饼干装进盒子里作为礼品摆在店面出售。与科涅巧克力蛋奶酱是经典搭配。

瓦片饼干

材料

带皮杏仁……80克
棒子……80克
A
- 细砂糖……200克
- 低筋面粉……60克
- 香草粉……适量
- 盐……1小撮

黄油（融化）……60克
鸡蛋清……4个量

做法

1. 把杏仁和榛子用料理机打成粉状，放入碗中。加入A中所有材料，用刮刀搅拌后，加入融化的黄油，继续搅拌。
2. 把鸡蛋清打至八成发，加入步骤1的碗中，然后搅拌至表面光滑，但注意不能消泡。
3. 用勺子把步骤2搅拌后的面糊盛出，按一定的间隔摊在铺有烘焙纸的烤盘上，形成数个直径4厘米的圆形薄层。把烤盘在桌子上轻轻振几下，使面糊进一步摊薄。放入预热至180℃的烤箱中，烘烤约10分钟，直至饼干边缘呈轻微的焦黄色。
4. 从烤箱中取出后，趁热用擀面杖压弯即可。

科涅巧克力蛋奶酱

CREMA DI COGNE

在阿尔卑斯山麓的冬日，温暖身体的巧克力酱

种类：调羹点心
场景：酒吧或餐厅点心、居家零食

科涅被称为勃朗峰脚下的大帕拉迪索国家公园大本营。这种酱可以说是萨芭雍蛋酒酱（→P.10）的巧克力版。在科涅的严寒冬日里，把瓦片饼干浸入营养丰富的巧克力蛋奶酱中吃上一口，身体马上就会温暖起来。至于它含有多少热量，各位还是不要知道比较好。

科涅巧克力蛋奶酱

材料

鸡蛋黄……4个
细砂糖……120克
牛奶……500毫升
鲜奶油……250毫升
黑巧克力碎……50克
香草粉……适量

做法

1. 把鸡蛋黄和80克细砂糖倒入锅中，用打蛋器搅拌至白色黏稠状。
2. 把牛奶、鲜奶油倒入另一个锅中，中火加热至人体体温。加入黑巧克力碎，不断搅拌使其化开。倒入步骤1的锅中，撒上香草粉，仔细搅拌。
3. 把剩余的细砂糖倒入平底锅中，加热至浅焦黄色，倒入步骤2处理好的材料中，充分搅拌使其均匀混合。
4. 中火加热并不断搅拌，直至变稠即可。

梅花小饼干

CANESTRELLI

水煮蛋黄带来膨松口感

种类：意式饼干　　场景：居家零食、甜品店点心

这种甜点起源于利古里亚，不过现在几乎在意大利的每个超市都可以买到。这是一种起源于乡村的意式饼干，在利古里亚内陆地区，从中世纪起就开始制作了。过去常在婚礼和宗教庆典时食用。它的意文名“canestrelli”派生于意文单词的“篮子”，因为这种饼干以前是装在小篮子提供的。这个意文名在利古里亚大区的塔贾市是指一种中央挖孔的甜甜圈形饼干，在皮埃蒙特大区却是另一种像薄的华夫饼一样的饼干，它们的名字都一样，据说都是因为以前是用篮子保存的。

乍一看，这只是一种普通的花形饼干，但它的制作方法却别具一格：做这种饼干，要将煮好的鸡蛋黄放入面团中。其实这是为了赋予膨松的口感。如果像普通的烘焙甜点一样放生鸡蛋，那么面团就会发黏，不会产生独特的口感，所以要用煮熟的鸡蛋黄来降低黏性。我第一次制作梅花小饼干之前，有点担心只用煮蛋黄不能让面团成形，但是上手制作才发现，要做出湿润、触感舒适的面团并不难。把面团用模具切成花朵形，中心也挖一个小小的孔，放入烤炉里烘烤。一边满怀期待，一边看着它烤熟、冷却，终于可以尝一块了。做好的饼干口感非常细腻，不知道该说是膨松还是绵软，总之这种口感与我以前吃过的梅花小饼干都完全不同。

近年来，物流业发展迅速，人们可以轻松买到偏远地区的传统甜点，但我却通过自己的经历发现，只有在甜点起源的当地才能品尝到正宗的味道。我想，一定要去一次利古里亚，尝一尝地道的梅花小饼干。

梅花小饼干

材料

鸡蛋黄（煮硬）……2个

黄油……100克

A

- 低筋面粉……100克
- 玉米淀粉……65克
- 糖粉……50克
- 香草粉……少量

做法

1. 把A中所有材料放入碗中，搅拌混合。把刚从冰箱冷藏室取出的黄油切成1厘米见方的小块，放入碗中，用手揉搓成沙粒质感。
2. 把煮硬的鸡蛋黄用筛网磨碎后加入，用手揉拌至整体混合均匀，包上保鲜膜，放入冰箱冷藏约1小时。
3. 把醒好的面团放在铺有大量面粉的桌面上，用擀面杖擀成1厘米厚。用直径5厘米的梅花形模具压出梅花形，中间用直径约1厘米的圆形模具挖空。
4. 摆在铺有烘焙纸的烤盘上，放入预热至170℃的烤箱中，烘烤约15分钟，注意不要烤焦。放置冷却，最后撒上糖粉（配方用量外）即可。

热那亚甜面包

PANDOLCE GENOVESE

热那亚的圣诞节甜味面包

种类：面包或发酵甜点　　场景：居家零食、甜品店点心、庆典甜点

谈到圣诞节的发酵甜点，人们常会想起有名的潘娜托尼面包（→P.38），但在利古里亚，甜面包才是圣诞节的代名词。其实这两者都是含有果干的发酵甜点，但它们的形状和口感完全不同。

传统的甜面包不用啤酒酵母制作，仅用面粉和水发酵产生的天然酵母，发酵时间很长。利古里亚的首都热那亚是港口城市，自古以来一直是活跃的地中海贸易之都。经过长时间发酵的甜面包可以保存很久，在航海中发挥了巨大作用。而且，热那亚甜面包中还加入了茴香籽、橙花水和马尔萨拉葡萄酒这些食材，都反映出热那亚过去曾经是贸易发达的都市。

甜面包有“高（alto）”和“矮（basso）”两种类型，其中圆顶形的高型甜面包是传统类型。矮型甜面包则是近年来泡打粉的发明使发酵流程简化后才出现的类型，虽然保存时间不及传统甜面包，但制作方便，常见于家庭餐桌。

甜面包西渡远洋传至英国，现在在英国也非常有名，英国人把它叫作“selkirk bannock（塞尔扣克平底面包）”。

马尔萨拉葡萄酒是产自西西里岛的一种加强型葡萄酒。自1861年意大利统一后，也在意大利北部使用。

热那亚甜面包

材料

低筋面粉……250克
啤酒酵母……13克
细砂糖……75克
盐……2克

A
- 黄油（常温软化）……50克
- 温水（约40℃）……25毫升
- 马尔萨拉葡萄酒……25毫升
- 橙花水……1小匙

B
- 葡萄干（温水泡开后沥干）……40克
- 糖渍香橙果脯（切粗粒）……30克
- 茴香籽……5克
- 松子……20克

做法

1. 把40毫升温水（配方用量外）倒入碗中，溶入啤酒酵母和约1大匙的细砂糖，加入30克低筋面粉并搅拌，在温暖的地方发酵30分钟。再加入30克低筋面粉并搅拌，发酵30分钟。
2. 加入剩余的低筋面粉和盐，混合均匀，在中央挖一个凹陷。加入剩余的细砂糖和A中所有材料，揉至表面光滑。再加入B中所有材料并进一步揉捏，在温暖的地方放置两三个小时，发酵至2倍大。
3. 给面团排气后滚圆，放在铺有烘焙纸的烤盘上，用湿布覆盖后在温暖的地方发酵2小时。
4. 用菜刀在面团表面中心划十字，放入预热至180℃的烤箱中，烘烤约50分钟即可。

杏仁酥碎饼

SBRISOLONA

玉米粉和猪背油营造质朴口感

种类：馅饼糕点　　场景：居家零食、甜品店点心

这是起源于伦巴第大区曼托瓦省的一种流行甜点。它的原始配方中面粉、玉米粉和细砂糖的含量相同，所以也被称为“三杯蛋糕”。是的，这种馅饼之所以流行，就是因为制作起来简单方便。将食材按顺序放到碗中，用手指搓捏混合，最后倒入模具，放入烤箱里。模具不一定要用圆形的，平底方盘也可以。做起来很简单，但是惊人地美味。玉米粉带来膨松感，猪背油则赋予松脆感。这种口感只用低筋面粉和黄油之类的材料是做不出来的。

杏仁酥碎饼起源于16世纪左右，是农民制作的甜点，最初用的是玉米粉和榛子粉。它的意文名来自于“briciole（面包屑）”一词。当时农民们把磨粉时飞散的碎屑收集起来，加入猪油制作成这种饼。而且，杏仁酥碎饼原本是要用手掰着吃的。这是因为当时用的油比现在少得多，做出来的饼一切就碎，所以只能用手掰。用“面包屑”一词起名，就是因为它切碎的状态像面包屑一样。后来，贵族们也爱上了这种甜点，制作时加入细砂糖、杏仁和柠檬，配方也随之逐渐改变。

如今，每家每户都有各自独特的杏仁酥碎饼配方，“三杯蛋糕”的说法也逐渐不适用了，但是它的美味却不会改变。

杏仁酥碎饼

材料

去皮杏仁……175克

A

- 低筋面粉……95克
- 玉米粉……60克
- 细砂糖……75克
- 香草粉……2克
- 鸡蛋黄……1个
- 柠檬皮细屑……1/2个量

黄油（常温软化）……45克

猪背油（或黄油）……35克

做法

1. 把A中所有材料倒入碗中，稍加搅拌。
2. 把常温软化的黄油切成1厘米见方的小块，与猪背油一起加入碗中，用指尖捏成小粒（不要揉成一个整体）。倒入切碎的杏仁，轻轻搅拌混合。
3. 把步骤2混合好的面团放入涂有一层黄油（配方用量外）的模具中，放入预热至180℃的烤箱，烘烤约25分钟，表面烤至金黄色即可。

猪背油是猪背部脂肪煮熟后去除水分残留的油脂。在意大利的超市很容易买到。

天堂蛋糕

TORTA PARADISO

来自帕维亚的“天堂的蛋糕”

种类：馅饼糕点　　场景：居家零食、甜品店点心

1878年由位于伦巴第大区帕维亚的甜点师恩里科·维戈尼发明。据说，当时的侯爵夫人尝过一口后感叹：“太好吃了，就像进入天堂一样！”于是天堂蛋糕由此得名。后来在1906年，天堂蛋糕在米兰世博会上赢得金奖，扬名海内外。最早制作天堂蛋糕的恩里科·维戈尼甜品店（Pasticceria Enrico Vigoni）现在仍在同样的地方，继续制作着同样的甜点。

但是也有这样一种传说，认为这种蛋糕的原型是在修道院里诞生的：一个外出采草药的修道士与一位年轻女孩相识，向她学习蛋糕的做法。修道士回到修道院后一边回想，一边用女孩教的方法试着制作了蛋糕，结果做出来的蛋糕口感细腻柔软，让他又想起像天使一样的女孩，所以修道士们将其命名为“天堂蛋糕”。后来，这件事通过侯爵传到恩里科的耳中，由恩里科完成了这种蛋糕的食谱。这是多么浪漫的故事啊。

天堂蛋糕与其用作餐后甜点，更适合作为意式早餐，因为意大利人的早餐要从甜食开始。由于含有大量的马铃薯淀粉，所以入口即化，黄油和鸡蛋的香味也在口中萦绕。外表看起来很简朴，不像“天堂的蛋糕”，它的美味却超乎想象。

其实，西西里岛也有“天堂蛋糕”。这种蛋糕是在海绵蛋糕坯中浸入大量糖浆，中间夹上杏子酱，把杏仁面团铺在上面形成格纹，烘烤后涂上果酱。只要想象一下就知道这种蛋糕一定很甜，尝一口则会发现它简直甜得让人惊掉下巴！一位朋友笑着说：“与其说是天堂蛋糕，不是说是地狱蛋糕。”但是这种甜蜜却令西西里岛人无法抗拒。意大利北方人和南方人脑海中的天堂，到底是一样的还是不同的呢？

天堂蛋糕

材料

低筋面粉……80克
马铃薯淀粉……80克
泡打粉……4克
黄油（常温软化）……125克
细砂糖……125克
全蛋……2个
鸡蛋黄……2个
柠檬皮细屑……1/2个量

做法

1. 把低筋面粉、马铃薯淀粉和泡打粉混合过筛。
2. 把常温软化的黄油放入碗中，用打蛋器轻轻搅拌。把细砂糖分三次加入，每加入一次都搅拌至颜色变白。
3. 把全蛋和鸡蛋黄分别分成两份，各分两次加入，每次都用打蛋器搅拌均匀。
4. 把步骤1中筛好的粉末倒入步骤3的碗中，用刮刀轻轻搅拌，注意不能消泡。加入柠檬皮细屑并进一步搅拌混合。
5. 倒入涂有黄油、撒有低筋面粉（皆为配方用量外）的模具中，放入预热至170℃的烤箱中，烘烤25～30分钟即可。

曼托瓦饺子饼干

OFFELLE MANTOVANE

面粉皮包面粉馅，日渐消失的传统甜点

种类：意式饼干　　场景：居家零食

这是曼托瓦的传统饼干。曼托瓦位于伦巴第大区东部，几乎与威内托大区接壤。

意文名中的“offelle”源自拉丁语“offa”，这个词意为“小佛卡夏面包”。最初的饺子饼干见于15世纪的著名厨师马埃斯特罗·马尔提诺的著作，那是一种将奶酪、鸡蛋清、肉桂、生姜和番红花做成的馅包在小麦面团中烘烤制成的甜点。曼托瓦饺子饼干拥有悠久的历史，但今天在甜品店却很少见，主要是在家庭中制作食用。

现在的饺子饼干配方中不含奶酪，面皮里包的是用面粉制作的硬馅。因为是用面粉做的饼皮裹着面粉做的馅，所以烘烤之后它们会融为一体，放入口中的一瞬间简直尝不出来里面还有馅。而细细咀嚼后却会发现，松脆的外皮和略微湿润的内馅口感完全不同。

最近，一些甜点师开始关注这种逐渐消失的甜点，试图让消失的传统焕发新的生机。饺子饼干今后何去何从，让我们拭目以待。

曼托瓦饺子饼干

材料

面团

- 黄油（常温软化）……110克
- 糖粉……75克
- 鸡蛋黄……3个
- 盐……2克
- 香草粉……适量
- 低筋面粉……375克

A

- 低筋面粉……110克
- 玉米淀粉……45克
- 糖粉……50克
- 鸡蛋黄……2个
- 黄油（融化）……40克

鸡蛋清……90克

细砂糖……60克

糖粉……适量

做法

1. 制作面团。把常温软化的黄油、糖粉、鸡蛋黄放入碗中，揉和后加入盐、香草粉和低筋面粉，揉成面团。放入冰箱冷藏1小时。
2. 制作馅料。把A中所有材料放入碗中，用刮刀混合。
3. 把鸡蛋清放入另一个碗中，打至八成发，搅拌过程中将细砂糖分3次加入。加入步骤2中混合好的材料，用刮刀轻轻搅拌，注意不能消泡。
4. 整形。把步骤1制作好的面团放在铺满面粉的桌面上，用擀面杖将其擀至3毫米厚，然后用直径8厘米的花边模具压出面皮。把步骤3做好的馅料放在面皮中心，用刷子把鸡蛋清（配方用量外）涂在边缘，对折，用手指按压边缘以粘牢。
5. 摆在铺有烘焙纸的烤盘上，放入预热至150℃的烤箱中，烘烤25～30分钟。冷却后撒上糖粉即可。

波伦塔之爱

AMOR POLENTA

玉米粉和杏仁粉制作的黄色蛋糕

种类：烘焙甜点　　场景：居家零食、甜品店点心

这是伦巴第大区西北部瓦雷泽的特产。据说它起源于20世纪60年代，当时的甜点师卡洛·赞贝雷蒂创造出了这款带有当地乡土气息的甜点。

这款蛋糕名称意为“对波伦塔（玉米粥）的爱”。当地处于寒冷地带，土地贫瘠，不适于生产小麦。15世纪美洲大陆的发现带来了玉米栽培技术，而玉米在比较贫瘠的土地上也能栽培。于是人们开始把玉米磨成粉，煮成玉米粥，当作主食。后来，人们又用玉米粉制作甜点和意式饼干。玉米粥已成为伦巴第的代表性饮食，是生活中不可或缺的食物。这种蛋糕里，大概也饱含了人们对玉米的热爱吧。由于采用玉米粉制作，所以波伦塔之爱呈黄色；而杏仁粉原本口感湿润，加入糖粉后却变得松脆，非常有趣。

意大利人对自己的故乡怀有深厚的感情。如果问意大利人最喜欢哪里，他们一定会回答：“生我养我的故乡！”饮食文化也能够强烈地反映人们对故乡的热爱，这款蛋糕正是最好的证明。

玉米粉一般是粗磨的，但是也有细磨的，它们的口感完全不同。

波伦塔之爱

材料

黄油（常温软化）……125克
糖粉……115克
全蛋……1个
鸡蛋黄……2个
盐……1克
玉米粉……40克
杏仁粉……70克
香草粉……少量
低筋面粉……45克
苦杏仁酒（马拉希奴黑樱桃酒）*……40克

*苦杏仁酒与马拉希奴黑樱桃酒本不是同一种酒。苦杏仁酒是以杏核或杏仁为主要原料的意大利利口酒。马拉希奴黑樱桃酒酿造时需要打碎樱桃核，产生类似于杏仁的香气。

做法

1. 把常温软化的黄油、糖粉放入碗中，用手持电动搅拌器打发至白色黏稠状。
2. 分次加入全蛋和鸡蛋黄，每加入一个都充分搅拌。加入盐，继续搅拌。
3. 加入玉米粉、杏仁粉和香草粉，用打蛋器充分搅拌，再加入低筋面粉，用刮刀混合。缓缓倒入苦杏仁酒，轻轻混合。
4. 把步骤3的混合物倒入涂有黄油、撒有玉米粉（皆为配方用量外）的模具中，放入预热至180℃的烤箱，烘烤约40分钟。冷却后从模具中取出，撒上糖粉即可。

丑糕

MASIGOTT

填入坚果和葡萄干的感恩节甜点

种类：烘焙甜点　　场景：居家零食、甜品店点心、庆典甜点

伦巴第大区的科莫是知名的湖畔度假胜地，这款甜点则是科莫附近的厄尔巴岛近郊的乡土特产。

这款甜点的起源目前尚不清楚，有人说它是在秋季为了感谢丰收而制作的。到16世纪，在米兰的神父卡洛·波罗密欧的影响下，丑糕成为献给圣尤菲米娅（基督教圣女）的甜点。直到今天，厄尔巴岛的人们在每年10月的第三个星期天还会过丑糕节（或圣尤菲米娅节），到处都是卖丑糕小摊。

丑糕的意文名在当地方言中意为“丑陋的、寒酸的”，因为这款甜点不管怎么看都太朴素了。它看起来就像棕色的海参，“丑糕”这个名称的确名副其实。不过，用刀切开，就能闻到坚果和柑橘的香味，让人不禁想象它的味道绝对不“丑”。材料采用荞麦粉和玉米粉也是伦巴第甜点的一大特征。

虽然丑糕的历史相当悠久，但它从历史舞台上消失了很长一段时间，直到20世纪70年代才被厄尔巴岛的甜点师重新发现，再一次登上甜品店的橱窗和人们的餐桌。2000年，丑糕还被意大利农林政策部正式认证为意大利传统农产品（P.A.T.，全称为Prodotti Agroalimentari Tradizionali Italiani）。

丑糕

材料

黄油（常温软化）……50克
细砂糖……100克
鸡蛋……1个
盐……1小撮

A
- 低筋面粉……100克
- 荞麦粉……50克
- 玉米粉……50克
- 泡打粉……8克

B
- 核桃（切粗粒）……25克
- 松子……25克
- 葡萄干……35克
- 糖渍香橙果脯（切粗粒）……25克
- 柠檬皮细屑……1/2个量

做法

1. 把B中的葡萄干用温水泡开后沥干。把常温软化的黄油和细砂糖放入碗中，用刮刀搅拌混合。
2. 把鸡蛋和盐放入一个小碗中，搅拌均匀后倒入步骤1的碗中，用打蛋器搅拌打发至表面光滑。
3. 把A中所有材料过筛后加入步骤2处理好的材料中，搅拌均匀。然后加入步骤1中软化沥干的葡萄干和B中其他材料，混合均匀。
4. 把面团放在铺有烘焙纸的烤盘上，做成长轴17厘米、短轴10厘米的椭圆形。放入预热至170℃的烤箱中，烘烤约40分钟，直到表面烤出焦痕即可。

巧克力萨拉米

SALAME DI CIOCCOLATO

香肠形的巧克力甜点

◆◆◆◆◆◆◆◆◆◆◆◆◆◆◆◆◆◆◆

种类：意式饼干
场景：居家零食

这是意大利北部的甜点，在伦巴第大区及其周边都很常见。而南方的西西里岛上也有一种类似的甜点，叫作“sarame di turco（土耳其香肠）”。制作这种甜点，只需把意式饼干压碎后与可可混合，再加入蛋黄和融化的黄油后硬化。不仅外表看起来像意大利的萨拉米肉肠，而且切面更是神似。制作巧克力萨拉米用什么意式饼干都可以，但是口感会根据饼干碎是粗还是细而大不一样。制作这种甜点不需要烤箱，非常简便，也很适合送礼。

巧克力萨拉米

材料

喜欢的意式饼干（碾成粗粒）……125克
黄油（融化）……50克
鸡蛋黄……1个
细砂糖……50克
朗姆酒……10毫升
可可粉……25克

做法

1. 把鸡蛋黄和细砂糖倒入碗中，用打蛋器搅拌，再加入融化的黄油和朗姆酒，继续搅拌。
2. 把可可粉倒入步骤1的碗中，用刮刀搅拌至整体均匀混合，然后加入碾碎的意式饼干，混合拌匀。
3. 把步骤2处理好的材料放在展开的烘焙纸上，然后把烘焙纸卷起来包住食材，卷成直径4厘米的条状。放入冰箱冷藏室约2小时，直至冻硬即可。

嘎吱糖霜脆

CHIACCHIERE

口感轻脆的狂欢节油炸甜点

◆ ◆ ◆ ◆ ◆ ◆ ◆ ◆ ◆ ◆ ◆ ◆ ◆ ◆ ◆ ◆ ◆ ◆ ◆ ◆

种类：油炸甜点
场景：居家零食、甜品店点心、庆典甜点

这是一种狂欢节时食用的甜点，在意大利各地都有，不过各地对其称呼各不相同，有“bugie（皮埃蒙特）”“crostoli（特伦蒂诺）”“galani（威内托）”“frappe（艾米利亚-罗马涅）”“cenci（托斯卡纳）”等，加入的酒也有马尔萨拉葡萄酒、果渣白兰地、圣酒等不同的种类。意文名“chiacchiere”的意思是“聒噪、嚼舌”，形容吃的时候酥脆的声音就像妇女闲聊，是一个符合意式幽默的名字。

嘎吱糖霜脆

材料

面团

- 低筋面粉……250克
- 细砂糖……25克
- 全蛋……1个
- 马尔萨拉葡萄酒……60毫升
- 柠檬皮细屑……1/2个量
- 黄油（常温软化）……15克

花生油……适量

糖粉……适量

做法

1. 把制作面团的材料（除黄油外）放入碗中混合。
2. 加入常温软化的黄油，揉捏至表面光滑。包上保鲜膜，放入冰箱冷藏约1小时。
3. 把面团放在铺有面粉的桌面上，用擀面杖擀成2厘米厚。用菜刀切割成长10厘米、宽5厘米的长方形，在中间划2道划痕。
4. 放入加热至170℃的花生油中炸至金黄，捞出冷却后撒上糖粉即可。

波伦塔与小鸟

POLENTA E OSEI

用杏仁糖霜小鸟点缀的贝尔加莫特产

种类：湿点心　　场景：甜品店点心

穿行于美丽的中世纪风城市贝尔加莫的街道上，这种黄色蛋糕随处可见。波伦塔与小鸟是伦巴第大区贝尔加莫的代表性湿点心。该省的商业委员会甚至宣布，只有当地制作的这种蛋糕才能被称为“波伦塔与小鸟”，可见它在当地的核心地位。

当地有捕捉麻雀等小型鸟类来烤着吃的习惯，而且一般搭配波伦塔（polenta，即玉米粥）。意文的“osei”在当地方言中就是“小鸟”的意思，所以这种烤小鸟搭配玉米粥的美食和本页介绍的甜点都被称为“polenta e osei（波伦塔与小鸟）”。

将榛子黄油酱夹在海绵蛋糕坯中，表面涂一层黄色的杏仁糖霜，即成这款蛋糕。虽然外观奇特，但味道却很传统，大概是因为夹心采用黄油酱的缘故吧。虽然名字里有“波伦塔（玉米粥）”，但是这款蛋糕并不用玉米粉制作，而是采用细砂糖颗粒来代替玉米粉的粗糙口感，用黄色色素模仿玉米的颜色。从各方面来看，这款甜点都可以让我们感受到意大利人的奇思妙想。

当地甜点上的小鸟装饰是倒置的，据说是模仿烤小鸟倒吊在烤架上的样子。过于逼真，反而显得有些恐怖。

波伦塔与小鸟

材料

基础海绵蛋糕坯（→P.210）……1/2份

夹心
- 黄油（常温软化）……150克
- 糖粉……50克
- 榛子酱……50克
- 黑巧克力（可可含量70%）……25克
- 鸡蛋清……50克
- 细砂糖……35克

糖浆
- 细砂糖……40克
- 水……100毫升

涂层
- 基础杏仁糖膏（→P.212A）……250克
- 黄色色素……少量
- 细砂糖……适量

装饰
- 基础杏仁糖膏……50克
- 可可粉……1小匙

做法

1. 制作基础海绵蛋糕坯，放入直径7厘米的半球形模具中烘烤。
2. 制作夹心。把常温软化的黄油和糖粉放入碗中，用打蛋器搅拌至膨松。加入隔水加热融化的榛子酱和黑巧克力，继续搅拌。
3. 把鸡蛋清倒入另一个碗中，将细砂糖分次加入，打发至能拉出尖角。加入步骤2的碗中搅拌均匀。
4. 制作糖浆。把糖浆的材料放入锅中，中火加热使细砂糖化开，然后冷却。
5. 将步骤1中做好的小海绵蛋糕横向切成两半，两个切面上分别涂抹步骤4制作的糖浆。把步骤3做好的夹心涂在下半部分的顶部，夹在两半中间。蛋糕表面也按顺序涂抹糖浆和夹心。
6. 用色素给涂层用的杏仁糖膏上色，摊薄，包裹在步骤5制作好的蛋糕表面，撒上细砂糖。
7. 制作装饰用的糖霜小鸟。将可可粉揉入杏仁糖膏里，捏成小鸟形，变硬后放在步骤6做好的黄色蛋糕上即可。

复活节鸽子面包

COLOMBA PASQUALE

鸽子形的复活节发酵甜点

种类：面包或发酵甜点　　场景：甜品店点心、面包店点心、庆典甜点

临近复活节，街上就热闹起来了，到处可见鸽子面包。它的意文名中“colomba”就是“鸽子”的意思，而鸽子是和平的象征，所以鸽子面包就成了复活节的甜点。复活节还有许多其他的标志物，例如鸡蛋、兔子和绵羊等。特别是复活节巧克力蛋（→P.87），这是一种大号的鸡蛋形巧克力，里面放有一个惊喜小礼物，深受孩子们的欢迎。一到复活节前，超市里摆的全都是鸽子面包和巧克力蛋。

制作鸽子面包用的面团与潘娜托尼面包（→P.38）相似，不同的是鸽子面包不用葡萄干，而用香橙果脯。面包上还要浇一层杏仁味的糖衣，撒上杏仁和糖针再烘烤。鸽子面包的面团橙香馥郁，对于象征春天到来的复活节来说再适合不过了。

复活节鸽子面包

材料

A
- 马尼托巴面粉……95克
- 牛奶……25毫升
- 水……65毫升
- 啤酒酵母……4克

B
- 马尼托巴面粉……65克
- 细砂糖……15克
- 黄油（常温软化）……15克

C
- 马尼托巴面粉……140克
- 细砂糖……90克
- 全蛋……1个
- 黄油（常温软化）……50克
- 盐……10克
- 糖渍香橙果脯……60克

糖衣
- 去皮杏仁……25克
- 榛子……25克
- 鸡蛋清……35克
- 细砂糖……35克
- 玉米淀粉……15克

糖针……10克

带皮杏仁……10克

做法

1. 用A中材料制作面团。把啤酒酵母放入一个小碗中，加入加热至人体温的牛奶和水，溶解酵母。然后和马尼托巴面粉一起倒入另一个大碗，用刮刀搅拌均匀。在约30℃下发酵2小时。
2. 用B中材料制作面团。把步骤1发酵好的面团转移到厨师机中，安装揉面钩，加入细砂糖后启动机器搅拌。同时逐量添加马尼托巴面粉，等面团混合均匀后再加入常温软化的黄油，搅拌至表面光滑。
3. 把步骤2的面团放回铺有一薄层马尼托巴面粉（配方用量外）的碗中，在约30℃下发酵1.5小时，直至约2倍大。
4. 用C中材料制作面团。把步骤3发酵好的面团放入厨师机中，加入细砂糖，安装揉面钩，启动机器。同时逐步少量添加马尼托巴面粉，等面团混合成均匀整体后再加入整个鸡蛋和盐，继续揉面。然后加入常温软化的黄油，当面团表面光滑时，加入切成1厘米见方的糖渍香橙果脯，继续搅拌。
5. 把面团放回碗中，用保鲜膜包裹，在冰箱冷藏室中醒约16小时。取出后在约30℃下发酵2～3小时。
6. 把面团放在撒满面粉的桌面上，用刮板把面团边缘拉起往回收，使其变圆。
7. 放入模具中，在30℃下发酵2小时，直到面团膨胀至模具边缘的高度。
8. 把糖衣的材料放入搅拌机中，搅拌至表面光滑，静置10分钟。
9. 在步骤7制作的面包上淋步骤8制作的糖衣，再撒上糖针和杏仁。
10. 放入预热至160℃的烤箱中烘烤约50分钟。为防止面包塌陷，用两根钢针横着刺穿模具，然后倒置冷却即可。

潘娜托尼面包

PANETTONE

水果丰富的圣诞节发酵甜点

种类：面包或发酵甜点　　场景：甜品店点心、面包店点心、庆典甜点

每年12月，意大利人满怀兴奋地迎接圣诞季的到来，大街小巷到处都能看到潘娜托尼面包。潘娜托尼面包是整个意大利最知名的圣诞节甜点，它的发祥地是伦巴第大区，而其起源则众说纷纭。最广为人知的说法大概是这样的：这原本是一位名叫安东尼奥的甜点师烤制的面包，他的绰号是托尼，所以这种面包也被叫成“pane di toni（托尼的面包）”，后来变成了“潘娜托尼面包”。此外，也有人说古罗马时代早已有潘娜托尼面包的原型，还有人说中世纪时人们就习惯在圣诞节期间用比平时更多的食材制作风味浓郁的面包。顺便说一句，现代意大利语中“panettone”的意思是“大面包”。大概是因为从前每到圣诞节，人们就会用丰盛的食材来烤大型的面包吧。不管怎样，我们应该可以肯定地说，从相当古老的时期起，当地就开始制作这种发酵甜点了。

意大利的潘娜托尼面包使用由面粉和水培养的天然酵母。这是一种经过数十年精心传承、每日悉心培育的酵母。为了制作潘娜托尼面包的面团，仅发面就需要进行3次发酵，在成形后还要进行最终的发酵，然后才能放到烤箱中烘烤。也就是说，总共需要进行4次发酵，整个发酵过程需要用3天缓慢进行。长时间发酵是潘娜托尼面包能保存数月之久的秘诀。

每年10月，来自意大利全国各地的甜品店都要参加潘娜托尼面包锦标赛，评委是伊吉尼奥·马萨里和萨尔瓦多·德里索等当今甜点师界的重量级人物。获奖的潘娜托尼面包赛后会在网上出售，常被一抢而空。

近年出现了巧克力味、开心果味等各种新口味的潘娜托尼面包，我自己在每个季节也都吃过各种潘娜托尼面包，但我觉得传统的糖渍香橙果脯和葡萄干做的经典口味还是最平实的。一打开潘娜托尼面包的大包装袋，圣诞节的气息就扑面而来。这就是圣诞季必不可少的经典甜点。

意大利超市里，甜点行业大公司生产的盒装潘娜托尼面包堆积如山。

潘娜托尼面包

材料

低筋面粉……250克
马尼托巴面粉……250克
啤酒酵母……14克
细砂糖……160克
牛奶……60毫升
蜂蜜……5克
全蛋……4个
鸡蛋黄……3个
黄油（常温软化）……160克
盐……5克
A
糖渍柠檬果脯……100克
糖渍香橙果脯……40克
葡萄干……120克

马尼托巴面粉蛋白质含量高，发酵能力强，主要用于制作发酵甜点。

做法

第一次制作面团

1. 把低筋面粉、马尼托巴面粉放入碗中，混合均匀。
2. 把7克啤酒酵母和蜂蜜倒入加热至40℃的牛奶中，充分溶解。
3. 把步骤1混合的面粉100克、步骤2的溶液放入厨师机的搅拌碗中，安装揉面钩，启动机器搅拌至表面光滑。
4. 在约30℃下放置1小时，发酵至约2倍大。

第二次制作面团

5. 把步骤4发酵好的面团、步骤1混合的面粉100克、剩余的啤酒酵母、2个全蛋放入厨师机的搅拌碗中，安装揉面钩，搅拌至面团成为均匀的整体。
6. 加入60克细砂糖并搅拌，待肉眼看不见细砂糖后，把60克常温软化的黄油分3次加入，同时继续搅拌，直至面团成为均匀的整体。
7. 在约30℃下放置2小时，发酵至约2倍大。

第三次制作面团

8. 把剩余的步骤1混合的面粉、步骤7发酵好的面团、剩余的全蛋和蛋黄放入厨师机的搅拌碗中，安装揉面钩，搅拌至表面光滑。
9. 加入剩余的细砂糖和盐并搅拌，待肉眼看不见细砂糖后，把100克常温软化的黄油分3次加入，同时继续搅拌，直至面团成为均匀的整体。
10. 加入A中所有材料（果脯切成5毫米见方的小丁，葡萄干用温水泡开后沥干），揉捏均匀。在约30℃下放置2小时，发酵至约2倍大。

成形后烘烤

11. 把面团放在铺有面粉（配方用量外）的桌面上，用刮板把面团边缘拉起往回收，重复若干次，使面团变圆。
12. 把面团放入模具中，在约30℃下放置2小时，发酵至面团膨胀到模具边缘的高度。
13. 用刀在面团表面划十字，放上约10克黄油（配方用量外）。放入预热至180℃的烤箱中烘烤约10分钟，然后把温度降低至170℃烘烤约15分钟，再把温度降低至160℃烘烤约20分钟。为防止面包塌陷，用两根钢针横着刺穿模具，然后倒置冷却即可。

丑萌饼干

BRUTTI E BUONI

“好吃不好看”的榛子味烤蛋白糖酥

◆◆◆◆◆◆◆◆◆◆◆◆◆◆◆◆◆◆◆◆

种类：意式饼干

场景：居家零食、甜品店点心

它是伦巴第大区瓦雷泽湖岸边加维拉泰的乡土甜点，由甜点师君士坦丁·维尼尼于1878年发明，他的甜品店现在仍保留在加维拉泰中心区。将蛋白糖霜和榛子压碎并烘烤后，口感酥脆，芳香浓郁。托斯卡纳和西西里岛也有与其相似的甜品，叫作“brutti ma buoni（不好看但好吃）”。托斯卡纳的与这款饼干大致相同，西西里岛的则由杏仁制成。

丑萌饼干

材料

榛子……150克

鸡蛋清……75克

细砂糖……100克

香草粉……少量

做法

1. 把榛子放入预热至180℃的烤箱烘烤，然后粗切碎。
2. 把鸡蛋清倒入碗中，稍微搅拌打发，然后逐步少量加入细砂糖，同时用手持电动搅拌器打发至变硬，再加入香草粉和步骤1做好的榛子碎，混合均匀。
3. 转移到锅中，小火加热，同时用刮刀不断搅拌，烤至浅色后从灶台上取下。
4. 把步骤3制作的蛋糊摊在铺有烘焙纸的烤盘上，摊成直径3厘米的圆形，按照一定间隔隔开。放入预热至135℃的烤箱中烘烤40～45分钟，直到完全烤干即可。

意式米糕

TORTA DI RISO

博洛尼亚的圣体节菱形糕点

种类：馅饼糕点　　场景：居家零食、甜品店点心

这是艾米利亚–罗马涅大区首府博洛尼亚的传统甜点，也被称为“torta di addobbi（装饰蛋糕）”，在基督圣体节时制作食用。

基督圣体节是一个古老的节日，它的历史可以追溯到1470年，每10年举办一次庆典。当时的市民们为了庆祝节日，用红色的衣服装饰窗户，还要到邻居和熟人家里做客。做客时吃的就是意式米糕。它被切成小菱形，用类似牙签的小棍扎着吃。在15世纪时，大米和糖是非常新颖的食材，也很昂贵，只有在过节时才会拿出来精心使用。

那么，为什么在这个不产稻米的地区，会诞生历史这么悠久的米糕文化呢？20世纪初，艾米利亚–罗马涅大区亚平宁山脉地区住着一个农民，他年幼的女儿们到产米的皮埃蒙特大区韦尔切利去打工赚钱。当时，男人们的工资用钱来付，而女人们的工资则用米来付。等到打工结束，她们已经赚了40多千克米。当时大米很珍贵，所以也被用于制作庆典用的甜点，这种传统持续至今。

用牛奶煮的米饭味道柔和，而杏仁、香橼和柠檬等南方食材则为米糕赋予异域情调。仔细想想便会发现，其实所有的材料都是通过东方贸易传入意大利北方的。新原料被用于制作珍贵的庆典甜点，扎根当地。

意式米糕

材料

大米（卡纳罗利米）……75克
去皮杏仁……45克
糖渍香橼果脯……25克
A
- 牛奶……375毫升
- 细砂糖……75克
- 香草粉……少量
- 柠檬皮细屑……1/4个量

全蛋……2个
苦杏仁酒……45毫升
黄油……15克
面包粉（细磨）……适量
糖粉（收尾用）……适量

做法

1. 把A中所有材料倒入锅中，中火加热，煮沸后加入大米，小火煮约20分钟，直到所有水分都被米粒吸收。
2. 将锅中食材转移到碗中，冷却至人体体温。加入搅匀的蛋液，放入预热至180℃的烤箱中烘烤。加入粗切碎的杏仁、糖渍香橼果脯和苦杏仁酒，用刮刀搅拌均匀。
3. 将步骤2的产物倒入涂有黄油、铺有面包粉的模具中，放入预热至180℃的烤箱中烘烤约50分钟。冷却后从模具中取出，撒上糖粉，切成菱形即可。

如果用方形模具，就比较方便切成菱形。也可以做成圆形。

糖霜意面挞

TORTA DI TAGLIATELLE

手擀意面制作的挞

种类：馅饼糕点　　场景：居家零食、甜品店点心

意式干面（tagliatelle）是仅由面粉和鸡蛋制成的手擀意大利面，是艾米利亚-罗马涅大区的特产，非常有名。它的历史可以追溯到文艺复兴时期，其造型据说是对波吉亚家族的费拉拉公爵夫人——卢克雷齐娅·博尔贾一头金发的致敬。怪不得要用意式干面呢，原来是要模仿她美丽的长发呀。

把挞皮铺在模具里，放入糖和杏仁的混合物以及意面直接烘烤，不加任何液体状的黏合材料，所以用刀可以轻松切开。虽然外形是挞，但丝毫没有湿润感，尝一口的感觉更像是在吃饼干。

意式干面原本是一种宽8毫米的意大利面，但制作这款甜点常用更细的意大利细宽面（tagliolini）。原本应用手擀的意面，但本书使用市售的干燥意面。

到意大利超市里去逛一逛，你会对货架上意面的数量和种类感到震惊。意面对于意大利人来说就像大米对中国人一样，可是我们超市里摆放的米的种类恐怕也没有意大利超市的意面那么丰富吧。可见意面对于意大利人的日常生活不可或缺。他们还用意面制作甜点，这种热爱真令人叹服！

博洛尼亚被誉为美食之都，这里有许多出售鲜意面的商店。

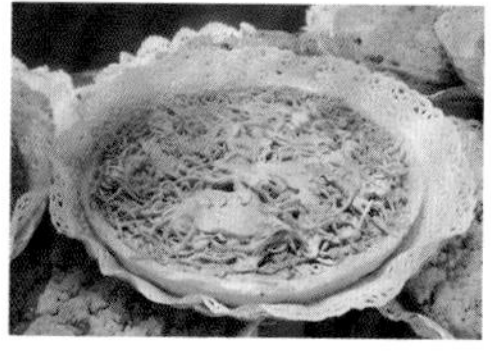

在街上发现的糖霜意面挞。上面撒了大量的糖粉，一定很甜吧。

糖霜意面挞

材料

基础挞皮（→P.210）……300克
意式干面……80克
去皮杏仁……100克
细砂糖……60克
黄油……15克
茴香酒……30毫升
糖粉（收尾用）……适量

做法

1. 杏仁在180℃的烤箱中烘烤后粗切碎，与细砂糖混合，备用。
2. 用擀面杖把挞皮擀成5毫米厚，铺在涂有黄油（配方用量外）的模具里，再撒上步骤1混合物的一半。
3. 把意式干面稍微弄碎，均匀撒在挞皮上，再将剩余的杏仁和细砂糖撒在意面上，最后把切成小块的黄油撒在最上面。
4. 放入预热至180℃的烤箱中烘烤约25分钟，烤至金黄。把茴香酒浇在整个挞上，冷却后撒上糖粉即可。

教皇糕

PAMPAPATO

费拉拉特产巧克力涂层糕点

种类：馅饼糕点　　场景：居家零食、甜品店点心、庆典甜点

文艺复兴时期的艾米利亚-罗马涅大区费拉拉在埃斯特家族的统治下，成为繁荣的文化之都。据说，教皇糕就起源于16世纪左右费拉拉的圣体修道院，当时这种甜点在圣诞节制作。

教皇糕的意文名来自“pane del papa”，意思是“教皇的面包”。它的外形像教皇戴的帽子，而且当时刚刚传入意大利的巧克力贵如宝石，所以我们不难推测这种甜点在当时多么贵重。另外，翁布里亚大区的特尼也有类似的甜品，叫作胡椒糕（panpepato），因含有胡椒而得名。这种胡椒糕没有巧克力涂层，但它也同样是传统的圣诞节甜点。

教皇糕的形状是矮圆顶形。乍一看只是完全被巧克力包裹的简易甜点，但切开的一瞬间，可可、柑橘类水果、香料等食材的香味一齐散发，让人还没吃就兴奋不已。不含油脂的面团质地紧密，可以长时间保存。

现在，教皇糕已经成为费拉拉的标志性甜点，一年之内无论何时都能在甜品店里看到它包装精美、排列整齐的身影。而且教皇糕质地坚硬，不易碎，所以也常用于送礼。当地人还习惯在圣诞节给它配上槲寄生树枝来送礼，人们相信槲寄生能带来好运。

教皇糕

材料

A

- 低筋面粉……115克
- 细砂糖……85克
- 去皮杏仁……65克
- 可可粉……40克
- 糖渍果脯……55克
- 肉桂粉……1/2小匙
- 丁香粉……1/4小匙

牛奶……70毫升

黑巧克力……100克

做法

1. 杏仁与细砂糖混合后用料理机打碎成细颗粒。糖渍果脯切成1厘米见方的小丁。
2. 把步骤1打碎的颗粒和A中其他材料放入碗中，一边逐次少量加入牛奶，一边用手搅拌。混合成一个均匀整体后，放在桌面上，用水蘸湿双手后把面团揉成直径10厘米的圆顶形，然后放在铺有烘焙纸的烤盘上。
3. 放入预热至170℃的烤箱中烘烤约40分钟，然后取出冷却。把巧克力隔水加热至化开，涂满整个表面，放置冷却即可。

海绵馅饼

SPONGATA

自古流传的蜂蜜坚果口味圣诞馅饼

种类：馅饼糕点　　场景：甜品店点心、居家零食、庆典甜点

这是一款圣诞节甜点，意文名叫作“spungata”。名字来自“spugna（海绵）”一词，据说是形容其表面凹凸不平，像海绵一样。

它的起源众说纷纭，有人说是起源于罗马帝国，有人说是希伯来人发明的，总之是一种自古流传的甜点。除了艾米利亚大区，海绵馅饼还广泛流传于伦巴第大区的曼托瓦、托斯卡纳大区的卡拉拉、利古里亚大区的萨尔扎纳等地，只是配方略有不同。在萨尔扎纳的海绵馅饼里有西梅和无花果等水果干，非常符合当地气候温暖的特征。

饼皮是由煮沸的白葡萄酒与其他材料混合而成，馅料则以白葡萄酒、蜂蜜、面包糠和坚果等传统的食材为基础。与完全不加装饰的外表相反，海绵馅饼具有蜂蜜和坚果的天然甘甜和香料的芳香气味，口感非常丰富。圣诞节甜点一般都可以长时间存放，海绵馅饼也不例外。所以人们在圣诞节前烤出大号的海绵馅饼，用于在整个圣诞节期间食用。

海绵馅饼

材料

饼皮

- 低筋面粉……200克
- 细砂糖……75克
- 黄油……70克
- 白葡萄酒……120毫升
- 香草粉……少量

馅料

- 白葡萄酒……150毫升
- 蜂蜜……125克
- 面包糠……40克
- 核桃……40克
- 杏仁……20克
- 松子……15克
- 葡萄干……15克
- 糖渍香橼果脯……25克
- 肉豆蔻粉……少量
- 肉桂粉……少量

做法

1. 制作饼皮。煮沸白葡萄酒，使酒精挥发。煮至蒸发掉一半时，从灶上取下并冷却。把制作饼皮的所有材料放入碗中，揉至表面光滑，醒1小时。
2. 制作馅料。将核桃、杏仁、松子、葡萄干、糖渍香橼果脯粗切碎。把蜂蜜和白葡萄酒倒入锅中，中火加热。沸腾后从灶上取下，加入面包糠并搅拌。然后加入剩余的材料，搅拌至整体混合均匀，静置冷却。
3. 用擀面杖把步骤1的一半面团擀薄，摊在涂有黄油、撒有低筋面粉（皆为配方用量外）的模具上。把步骤2的馅料铺在饼皮上，摊平。用擀面杖把剩余的面团擀薄，盖上在最上面，然后切掉超出模具边缘的多余部分。
4. 用叉子在步骤3的馅饼表面扎孔，放入预热至180℃的烤箱中烘烤约30分钟即可。

馅料制作后熟成数日，等食材完美融合之后再做馅饼，风味更佳。

修道院蛋糕

CERTOSINO

香料满满的博洛尼亚圣诞甜点

种类：馅饼糕点　　　场景：居家零食、甜品店点心、庆典甜点

这是博洛尼亚的传统圣诞甜点。它的意文名源于基督教的一个教派加尔都西会的修道院（certosa），也称为“panspeziale（香料面包）”和“panone（大面包）”。

在中世纪，香料和糖渍的水果果脯是在药店出售的，当时修道院蛋糕也是在药店制作的。后来，制作这种甜点的工作被修道院接管，直到今天已经成为家庭和甜品店都制作的经典圣诞节甜点，

制作修道院蛋糕的准备工作于圣诞节前一个月开始。制作面团后要醒1周，烘烤后还要再静置几周才能展现最佳风味，工程真是浩大。制作中还要用到很多过去价格昂贵的材料，所以也有人认为这种蛋糕的别名“panspeziale”来源于方言中的“pan spezièl（不寻常的面包）”。

不管怎么说，艾米利亚-罗马涅圣诞节甜点实在是太多了。它们的故事告诉我们，这片土地自古繁荣至今，而甜点在古时候则无比珍贵。

修道院蛋糕

材料

低筋面粉……160克
可可粉……15克
泡打粉……2克
细砂糖……35克
黑巧克力……30克
蜂蜜……170克
松子……30克
去皮杏仁……100克
糖渍香橼果脯……40克
提前一晚准备的材料
- 肉桂棒……1/2根
- 丁香……3个
- 红葡萄酒……100毫升

糖渍果脯（装饰用）……适量
蜂蜜（收尾用）……适量

做法

1. 提前一晚把肉桂棒和丁香浸入红葡萄酒中，第二天过滤。
2. 黑巧克力粗切碎，蜂蜜隔水加热至化开，糖渍香橼果脯切成1厘米见方的小丁。把除装饰用和收尾用以外的所有材料放入碗中，用刮刀搅拌混合。
3. 把步骤2混合的材料倒入底面和侧面铺有烘焙纸的模具中，压平，在模具上盖布，放置熟成约4小时。
4. 摆上糖渍果脯，放入预热至180℃的烤箱中烘烤40～50分钟。趁热用刷子刷上隔水加热融化的蜂蜜，放置冷却即可。

各种水果制作的糖渍果脯。主要用于制作庆典甜点，特别是圣诞节甜点。

沙砾蛋糕

TORTA SABBIOSA

口感似沙的营养蛋糕

种类：馅饼糕点　　　　场景：居家零食、甜品店点心

据说这款甜点在1700年左右诞生于威内托大区的特雷维索，但具体历史不详。如今不论什么时节，人们都把它作为早餐或点心，在家中制作。

制作方法与分步拌合式的黄油蛋糕相同，但材料不用低筋面粉，而用马铃薯淀粉。由于其松脆的质地和沙砾一般的粗糙口感，被命名为“沙砾蛋糕”。它有点类似于伦巴第大区的天堂蛋糕（→P.24），但是天堂蛋糕是既用马铃薯淀粉又用低筋面粉的，所以口感略有不同。

马铃薯淀粉在意大利语中被称为“fecola di patate”。除了马铃薯淀粉外，意大利还有玉米淀粉（amido di mais）和小麦淀粉（amido di grano）。它们有的叫“fecola”，有的叫“amido”，是因为制取方法不同。“fecola”是将土豆（马铃薯）烘干粉碎后提取的，而“amido”是将鲜玉米粒或小麦粒直接粉碎提取的。

意大利南部过去盛产小麦，现在当地也仍然使用小麦淀粉，而大量种植玉米和土豆的北部则常用玉米淀粉和马铃薯淀粉。它们外表看起来非常相似，但具有不同的黏度，如果相互替换就会产生不同的口感。

回到蛋糕的话题上来吧。要做出美味的沙砾蛋糕，诀窍在于将黄油在常温下充分软化，然后与细砂糖混合打发，充分混入空气。这就是让蛋糕柔软的秘诀。尝一口会发现它口感柔软轻巧，但其实它热量可不低！不过这也难怪，因为制作沙砾蛋糕的糖和黄油用量竟然与面粉一样多。千万注意不要吃太多哦！

沙砾蛋糕

材料

黄油（常温软化）……100克
细砂糖……100克
鸡蛋黄……1个
鸡蛋清……1个量
柠檬皮细屑……1/4个量
泡打粉……3克
马铃薯淀粉……100克
糖粉（收尾用）……适量

做法

1. 把常温软化的黄油放入碗中，加入细砂糖，用打蛋器搅拌均匀。
2. 加入鸡蛋黄和柠檬皮细屑，搅拌均匀，分别加入马铃薯淀粉和泡打粉各一半，并用刮刀搅拌，使其混合均匀。
3. 加入一半打至八成发的鸡蛋清，稍加搅拌，注意不能消泡。加入剩余的马铃薯淀粉和泡打粉，轻轻搅拌。然后加入剩余的鸡蛋清，稍加搅拌。
4. 把面团倒入涂有黄油、撒有低筋面粉的模具中（皆为配方用量外），放入预热至180℃的烤箱中烘烤约25分钟。冷却后，根据喜好撒上适量糖粉即可。

金黄玉米饼干

ZALETI

玉米粉制作的饼干

◆◆◆◆◆◆◆◆◆◆◆◆◆◆◆◆◆◆◆◆◆◆◆◆

种类：意式饼干

场景：居家零食、甜品店点心

由于使用玉米粉制作，因此这款饼干呈黄色，它的意文名来自于“gialletti（黄色的小东西）”这个词，也可以叫作“zaeti”。这款饼干的玉米粉含量是低筋面粉的将近2倍，还含有威内托的著名特产果渣白兰地。制作这款饼干的面团质地柔软，难以塑形，所以要撒上大量的面粉，手掌心也要蘸满面粉，这样才方便成形。有一种美味的吃法是把这款饼干浸泡在威内托的甜葡萄酒中，饭后食用。

金黄玉米饼干

材料

A

- 玉米粉……100克
- 低筋面粉……65克
- 泡打粉……3克
- 细砂糖……50克
- 盐……1小撮

牛奶……50毫升

黄油……35克

全蛋……35克

葡萄干……35克

果渣白兰地……10毫升

糖粉（收尾用）……适量

做法

1. 往果渣白兰地中加入适量温水（配方用量外），把葡萄干放入泡软，取出沥干。
2. 把A中所有材料放入碗中搅拌混合。
3. 用小锅煮沸牛奶，加入黄油，待黄油化开后加入步骤2搅拌好的材料，用手混合后，加入鸡蛋和步骤1处理好的葡萄干，用刮刀搅拌，制成非常柔软的面团，然后放入冰箱冷藏库中醒约30分钟。
4. 手掌蘸上大量面粉，把面团做成12个长6厘米、宽3厘米的近似椭圆形，摆在铺有烘焙纸的烤盘上。放入预热至180℃的烤箱中烘烤约12分钟，取出冷却后撒上糖粉即可。

小鱼面包干

BAICOLI

烤两次的微甜饼干，
水手们的航海伴侣

◆◆◆◆◆◆◆◆◆◆◆◆◆◆◆◆◆◆

种类：面包或发酵甜点 / 意式饼干
场景：居家零食、甜品店点心、面包店点心

这款甜点的意文名在方言中是“小鲈鱼”的意思，描述其形状像鱼。外观看起来很朴素，但制作却需要花费大量的时间和精力，要先特意制作一个稍甜的面包，切成薄片，然后再次烘烤。从前，威尼斯是一个繁荣的航运共和国，水手们为了便于出海携带，把面包烘烤两次，延长保存时间。后来在18世纪，威尼斯的咖啡馆也开始提供这种面包干，直到现在依然是当地早餐不可或缺的重要部分。

小鱼面包干

材料

A
- 低筋面粉……75克
- 啤酒酵母……8克
- 温水……40毫升

B
- 低筋面粉……125克
- 黄油……25克
- 细砂糖……25克
- 鸡蛋清……1/2个量
- 盐……1小撮

做法

1. 用A中材料制作面团。把温水和啤酒酵母倒入碗中，溶解酵母，加入低筋面粉揉搓。在温暖的地方放置约1个小时，发酵至2倍大。
2. 用B中材料制作面团（鸡蛋清轻微打发）。把所有材料放入另一个碗中揉搓。当面团形成均匀整体时（可稍带粉末），加入步骤1制作的面团并继续揉搓，直到表面光滑。
3. 做成长20厘米、宽4厘米的形状，盖上一块布，在温暖的地方放置1～1.5小时，发酵至2倍大。
4. 放入预热至180℃的烤箱中烘烤约15分钟。冷却后切成4毫米厚的面包片，放入预热至160℃的烤箱中烘烤约10分钟，完全烤干即可。

维琴察罗盘甜甜圈

BUSSOLA' VICENTINO

维琴察的朴素家庭甜点

种类：烘焙甜点　　场景：居家零食

它是15世纪于威尼斯共和国的繁华城市维琴察诞生的家庭甜点。

16世纪画家乔凡尼·安东尼奥·法索罗的湿壁画中[①]也出现了罗盘甜甜圈，现在在卡尔多尼奥别墅（Villa Caldogno）[②]中仍然可以看到。这幅壁画中，一位年轻女子托着一个盘子，盘子上放有一些环形（意大利人称为“ciambella”形）的甜点，直径约为10厘米。这就是维琴察罗盘甜甜圈。随着时间的流逝，普通百姓们也发现它制作简单、滋味可口，从北部的巴萨诺-德尔格拉帕，到东部的特雷维索，都能找到它的身影。外表这么普通的甜点竟然具有如此悠久的历史，令人惊讶。顺便提一句，意文名中的“bussola”就是意大利语的“罗盘”，之所以叫这个名字，应该就是因为形状像罗盘吧。

巴萨诺-德尔格拉帕以当地特产果渣白兰地而著名，这种餐后酒是通过蒸馏葡萄皮制成的。罗盘甜甜圈的材料中也含有不少果渣白兰地，这也证明当地以前也曾制作罗盘甜甜圈。它看起来就像软的蛋糕，但不管是烘烤前还是烘烤后，面团都是很硬的。

现在人们常用大型的环形模具烤罗盘甜甜圈，但我听说在卡尔多尼奥，甜品店里摆放的都是壁画中画的小型罗盘甜甜圈。我真想去一趟卡尔多尼奥，去欣赏壁画，品尝那里的罗盘甜甜圈。

①西方壁画的一种绘画技法。
②由维琴察的贵族卡尔多尼奥家族于1565年在郊区建造的豪宅。现已向公众公开。

果渣白兰地的酒精度数为30～60度。其香气因葡萄品种而异。

维琴察罗盘甜甜圈

材料

黄油（常温软化）……35克
细砂糖……35克
蛋液……2个量
果渣白兰地……30毫升
低筋面粉……165克
泡打粉……6克
盐……1小撮
糖针……适量

做法

1. 把常温软化的黄油和细砂糖放入碗中，用打蛋器搅拌。分数次加入搅匀的蛋液和果渣白兰地，每次都与面团充分混合。
2. 加入低筋面粉、泡打粉和盐，用刮刀搅拌至表面光滑。
3. 把面团倒入涂有黄油、撒有低筋面粉（皆为配方用量外）的模具中，撒上糖针。放入预热至170℃的烤箱中烘烤30～40分钟即可。

品萨饼

PINZA

玉米粉和苹果制作的湿润蛋糕

种类：馅饼糕点　　场景：居家零食

叫作“品萨（pinza）”的甜点在意大利北部实在是太多了。本书介绍的品萨饼是威尼斯人在家里制作的甜点，它是把水果加入用牛奶煮过的玉米粉中烤制的。在威内托大区，从圣诞节到1月6日的主显节，人们都会制作品萨饼，这种品萨饼又叫“pinza della marantega”。而我在弗留利大区的首府的里雅斯特还见过一种像圆面包的“品萨”，特伦蒂诺的一位朋友说这是用面包和牛奶制作的挞。博洛尼亚还有一种长的“品萨”，它用挞皮裹着西梅酱（叫作莫斯塔达）制成。

品萨饼最初是农家制作的甜点，据说是用家里吃剩的食材做的。面粉可以用面包或面包糠代替，水果也不一定要用苹果，可以用家里剩下的水果代替。总之材料可以随机应变，因此品萨饼的配方也有数不清的变种，简直让我头疼。不过基本上都是把玉米粉用牛奶煮过后，再与苹果、果干和坚果混合后烘烤而成，做好后仍很湿润。在寒冷的季节里，可以搭配威内托的法拉歌里诺酒（fragolino，草莓果味起泡酒）或加入香料的热葡萄酒，温暖身子。

在的里雅斯特发现的像面包一样的“品萨”是一种带有柑橘香的发酵甜点。

品萨饼

材料

低筋面粉……20克
玉米粉……35克
牛奶……160毫升
黄油……15克
泡打粉……2克
细砂糖……20克
苹果……1/4个
A
- 葡萄干……15克
- 糖渍香橙果脯……10克
- 糖渍柠檬果脯……10克
- 果渣白兰地……20毫升
- 茴芹籽……少量
- 茴香籽……少量

糖粉（收尾用）……适量

做法

1. 将果脯粗切碎，把A中所有材料倒入碗中，泡软。
2. 把低筋面粉和玉米粉倒入另一个碗中混合。
3. 把牛奶倒入锅中煮沸。为了避免形成面疙瘩，一边不断用打蛋器搅拌，一边逐步少量加入步骤2混合的面粉。然后用小火煮5分钟，直至提起时难以回落的硬度。
4. 离火，加入黄油、泡打粉和细砂糖，搅拌均匀后转移到碗中。
5. 加入切成2厘米见方的苹果丁和步骤1的材料，混合均匀，然后倒入铺有烘焙纸的模具中，抹平表面。
6. 撒上少量细砂糖（配方用量外），放入预热至180℃的烤箱中烘烤约50分钟。取出冷却后，撒上糖粉即可。

牛奶炸糕

FRITTELLE

威尼斯狂欢节的油炸甜点

种类：油炸甜点　　场景：居家零食、庆典甜点、甜品店点心

临近狂欢节，威尼斯的街头上随处可见牛奶炸糕。这是威尼斯的传统油炸甜点，意文名叫“fritole”。弗留利人称它为“castagnole（炸糖球）”；特伦蒂诺也有一种与它很像的甜点，是用发酵面皮裹着苹果炸成的甜点，叫作“苹果炸糕（frittelle dipom）”。牛奶炸糕的历史可能会让你大吃一惊。有人说它可能诞生于罗马帝国时代，甚至更古老的时期。它在罗马帝国时代被称为“油炸甜点（dolci frictilia）”，而嘎吱糖霜脆（→P.33）在当时名字与它相同，所以这个称呼大概是油炸甜点的总称吧。牛奶炸糕在威尼斯的历史可以追溯到14世纪。今天每个人都能制作这种甜点，但那时却并非如此，只有专业人员（这种职业叫“fritoleri”）才能在威尼斯制作出售牛奶炸糕。令人惊讶的是，从事这种职业的人甚至组成了工会。而且这种职业是世袭的，父业子承。今天的意大利仍有一些世代继承的职业，可能就是从那时开始的吧。

制作牛奶炸糕用的面团含水量较高，口感很有弹性，好吃到一吃就停不下来。街上的甜品店里出售的牛奶炸糕种类繁多，有放很多松子和葡萄干的，也有填卡仕达酱或萨芭雍蛋酒酱（→P.10）的。由于材料简单、制作简便，所以意大利人在家里也经常制作，常能看到人家的餐桌上牛奶炸糕堆成山，很有意大利风情。

牛奶炸糕

材料

低筋面粉……190克
牛奶……95毫升
啤酒酵母……10克
细砂糖……40克
柠檬皮细屑……1/4个量
盐……1小撮
蛋液……1个量
葡萄干……50克
松子……25克
色拉油（油炸用）……适量
糖粉（收尾用）……适量

做法

1. 把牛奶加热至人体体温，用其中一部分来溶解啤酒酵母。把葡萄干用温水泡开后沥干。
2. 把低筋面粉、步骤1溶解的啤酒酵母、细砂糖、柠檬皮细屑和盐放入碗中，然后用刮刀混合。
3. 加入搅匀的蛋液，稍加搅拌，然后加入剩余的牛奶，搅拌均匀。
4. 加入葡萄干和松子并搅拌，做成非常柔软的面团。在温暖的地方放置约1小时，发酵至2倍大。
5. 把色拉油加热到175℃，用勺子舀起圆形的面团，放入油中，炸至金黄。捞起后沥去多余油分，撒上糖粉即可。

提拉米苏

TIRAMISÙ

用马斯卡彭奶酪制作的调羹点心，元气满满都靠它

种类：调羹点心　　场景：酒吧或餐厅点心、居家零食、甜品店点心

这款甜点非常有名，只要说到意大利甜点，大概谁都会想到提拉米苏吧。提拉米苏近年来在中国非常流行，可是如果查阅意大利传统甜点的相关文献，却找不到提拉米苏的名字。意大利拥有历史悠久的饮食文化，而提拉米苏尚属新秀。

提拉米苏的原型是萨芭雍蛋酒酱（→P.10），这种酱以前叫作“sbatudin”，在威内托的人们用小鱼面包干（→P.55）蘸这种酱食用。1981年，特雷维索的一位厨师受此启发，在餐厅里率先推出了一款叫作“提拉米苏”的甜点，大受好评。“提拉米苏”的意思是“拿起我”，并且因为是以感冒和疲劳补充营养用的萨芭雍蛋酒酱为基底，所以又包含了“美味可口、元气满满”的含义。

说到这里，我想起自己在托斯卡纳做关于英式甜羹（→P.105）的调查研究时，见过一份文献称“美第奇家族为招待客人制作的‘公爵的甜羹（zuppa del duca）’是提拉米苏的原型”。书里是这样说的：“‘甜羹（zuppa）’指的是蘸湿的薄面包片。美第奇家族制作的就是一种浸在胭脂虫红利口酒（alkermes）里、中间夹上酱的海绵蛋糕，英国人特别喜欢吃，所以这种甜点被称为‘英式甜羹（zuppa inglese）’。也有人说这就是提拉米苏的原型。”

制作提拉米苏的基本材料是萨芭雍蛋酒酱和马斯卡彭奶酪混合的酱、在意式浓缩咖啡中浸泡过的萨伏依饼干（→P.10），最后还要撒上大量的可可粉。也有人用鲜奶油，而且近年来还出现草莓提拉米苏等与原型大不一样的新品种。

提拉米苏

材料

鸡蛋黄……2个
细砂糖……50克
马斯卡彭奶酪……250克
萨伏依饼干……100克
咖啡糖浆
- 意式浓缩咖啡……150毫升
- 细砂糖……25克

可可粉……适量

做法

1. 把鸡蛋黄和细砂糖放入碗中，用打蛋器打发至黏稠状。
2. 用刮刀轻轻搅拌马斯卡彭奶酪，一边逐步少量加入步骤1的碗中，一边用打蛋器搅拌，使整体均匀混合。
3. 制作咖啡糖浆。把细砂糖倒入热的意式浓缩咖啡中溶解，放置冷却。
4. 把萨伏依饼干的一面浸入步骤3制作的糖浆中，取出后排列在容器里，把步骤2混合好的一半食材盖在上面，抹平。将同样的过程再重复一遍，最后撒上可可粉即可。

黄金面包（潘多罗面包）

PANDORO

金黄色的星形圣诞节甜点

种类：面包或发酵甜点　　场景：甜品店点心、庆典甜点

“你喜欢黄金面包还是潘娜托尼面包?”在意大利过圣诞节，一定会被朋友们问到这个问题。

黄金面包发祥于威内托大区维罗纳，但是其由来众说纷纭。有人说是源于中世纪的威尼斯共和国贵族享用的贴金箔的圆锥形甜点，叫作“贴金面包（pan de oro）”；有人说是源于当地的传统发酵甜点“纳达林（nadarin）”；还有人说是源于奥地利人带来的甜点“咕咕洛夫（kouglof）”。也许这所有的元素混合在一起，才演变成了现在的黄金面包吧。

黄金面包曾经是由烘焙师傅人工制作的。1894年诞生了第一个工业生产的黄金面包商品“梅莱加蒂（Melegatti）”。“Melegatti”既是商品名也是公司的名称，现在这个公司仍然存在，一到圣诞节超市里就堆满了蓝色的盒子。

与潘娜托尼面包（→P.38）不同，黄金面包不含果干，最大限度地展现金色面团的美味。它的材料很简单，但是由于需要反复发酵，要花费数日制作。黄金面包的包装盒里有一个装在大塑料袋里的黄金面包，还有一个装有香草味糖粉的小袋，吃的时候把糖粉倒入放面包的袋子里，裹满整个面包。这时候，我总会想起圣诞节期间意大利北部山区的皑皑雪景。

黄金面包

材料

酵种
- 马尼托巴面粉……45克
- 啤酒酵母……5克
- 温水……30毫升

A
- 马尼托巴面粉……90克
- 细砂糖……20克
- 啤酒酵母……7克
- 全蛋……1个

B
- 马尼托巴面粉……210克
- 细砂糖……90克
- 蜂蜜……10克
- 香草粉……1小匙
- 全蛋……2个
- 鸡蛋黄……1个
- 黄油（常温软化）……125克

糖粉（收尾用）……适量

做法

1. 把制作酵种的材料放入碗中搅拌混合，包上保鲜膜静置，发酵一晚。
2. 把A中除鸡蛋以外的材料与步骤1发酵好的面团混合，轻轻揉搓，然后加入鸡蛋，揉至表面光滑。包上保鲜膜，在温暖的地方放置2小时，发酵至2倍大。
3. 把B中的马尼托巴面粉、细砂糖、蜂蜜和香草粉与步骤2发酵好的面团混合，揉搓。分2次加入2个全蛋，然后加入蛋黄，每次都要充分揉搓，让面团吸收水分。加入常温软化的黄油，揉搓至面团变软。
4. 把面团放入涂有黄油、撒有马尼托巴面粉（皆为配方用量外）的模具中，静置发酵8～12小时，直到面团膨胀至模具边缘的高度。
5. 放入预热至170℃的烤箱中烘烤约15分钟，然后将温度调至160℃，再烘烤约30分钟。取出冷却后，撒上糖粉即可。

珍宝蛋糕

ZELTEN

来自奥地利的圣诞节蛋糕

种类：馅饼糕点　　场景：居家零食、甜品店点心、酒吧或餐厅点心、庆典甜点

圣诞期间，特伦蒂诺–上阿迪杰大区的甜品店里摆放着琳琅满目的珍宝蛋糕，它们的装饰各有特色，赏心悦目。

珍宝蛋糕在18世纪被称为“celteno”，据说来自于德语单词“selten”，意为“稀有”。大概是因为只有在一年一度的圣诞佳节期间才会制作，所以才叫这个名字吧。特伦蒂诺–上阿迪杰大区与德语国家奥地利接壤，是意大利的德语区。

珍宝蛋糕是用果干、坚果和面团混合烤制的。南边的特伦蒂诺地区的珍宝蛋糕面粉用量比果干和坚果多，而北边的上阿迪杰地区则正好相反。形状除了圆形以外，还有方形和椭圆形的，大小也各不相同。蛋糕上的装饰也没有什么特殊的规范。

特伦蒂诺–上阿迪杰是德语区，当地每年11月下旬到12月下旬的圣诞节集市非常有名。圣诞节期间到此游玩，来一场珍宝蛋糕和热葡萄酒之旅，一定很有意思。

珍宝蛋糕

材料

黄油（常温软化）……50克
细砂糖……75克
蛋液……2个量
蜂蜜……25克
果渣白兰地……1小匙
盐……少量
低筋面粉……150克
泡打粉……8克

A
- 无花果干……75克
- 核桃……50克
- 糖渍香橙果脯……25克
- 糖渍柠檬果脯……25克
- 葡萄干……50克
- 松子……25克

去皮杏仁（装饰用）……50克
脱水樱桃（装饰用）……适量

做法

1. 把常温软化的黄油和细砂糖放入碗中，用打蛋器搅拌至膨松状态。
2. 分两次加入搅匀的蛋液，每次一半，且每次都要用打蛋器搅拌。混合均匀后，加入蜂蜜、果渣白兰地和盐，继续搅拌。
3. 加入低筋面粉和泡打粉，用刮刀搅拌至表面呈现光泽，加入A中所有材料（事先将无花果干、核桃和果脯切碎），轻轻混合。
4. 把步骤3的面团倒入涂有融化黄油、撒有低筋面粉（皆为配方用量外）的模具中。摆上杏仁和脱水樱桃，放入预热至180℃的烤箱中烘烤约30分钟即可。

荞麦蛋糕

TORTA DI GRANO SARACENO

阿尔卑斯独特风味，荞麦粉浆果酱蛋糕

种类：馅饼糕点　　场景：居家零食

意大利东北部多洛米蒂山脉是东阿尔卑斯山脉的一部分，荞麦蛋糕是这片山区的特产。这里土地贫瘠，气候寒冷，难以种植小麦，自古以来栽培荞麦。荞麦在播种后70~80天就可以收获，所以在冬季漫长的阿尔卑斯山脉也可以种植。荞麦在意大利语中是“萨拉森人的谷物（grano saraceno）”，而“萨拉森人（saraceno）”是指中世纪的穆斯林。也就是说，荞麦文化由土耳其传入希腊和巴尔干半岛，而伊斯兰教徒或许正是经由土耳其来到了这个地区。

荞麦蛋糕是特伦蒂诺的传统家庭甜点，所以有多少家人，就有多少种食谱。蛋糕里的坚果包括榛子、核桃、杏仁等，都是家里常备的坚果类食材，磨成粉后加入蛋糕。苹果碎屑可以加也可以不加。不过蛋糕里一定会有阿尔卑斯山中产的蓝莓、树莓、醋栗等浆果的果酱，做成满满的夹心。

如今，麸质过敏的意大利人越来越多，而荞麦粉不含麸质，成为一种备受瞩目的食材。口感稍微干柴的蛋糕里搭配满满的果酱夹心，虽朴素但也是珍品。

荞麦粉也用于制作意面。包装上有“无麸质（senza glutine）”的标注。

荞麦蛋糕

材料

黄油（常温软化）……65克
细砂糖……65克
鸡蛋黄……2个
鸡蛋清……2个量
A
荞麦粉……50克
玉米淀粉……10克
榛子粉……50克
泡打粉……5克
苹果碎屑（稍微沥干）……80克
柠檬皮细屑……1/2个量
蓝莓酱……100克
糖粉（收尾用）……适量

做法

1. 把常温软化的黄油和一半细砂糖放入碗中，用手持电动搅拌器搅拌直至白色膨松状，逐个加入鸡蛋黄，每加入一次都要搅拌。
2. 加入A中所有材料并用刮刀搅拌均匀。
3. 把鸡蛋清倒入另一个碗中，分数次加入剩余的细砂糖，并用手持电动搅拌器打至八成发。把步骤2混合的材料分2次加入，每加入一次都用刮刀搅拌至表面光滑，并注意不能消泡。
4. 倒入涂有黄油、撒有低筋面粉（皆为配方用量外）的模具中，放入预热至180℃的烤箱中烘烤30~35分钟，取出冷却。
5. 水平切成两半，在下半部分的表面上涂蓝莓果酱，覆盖上半部分，撒上糖粉即可。

薄酥卷饼

STRUDEL

来自土耳其的苹果卷心派

种类：烘焙甜点　　　　场景：居家零食、甜品店点心、酒吧或餐厅点心

这款薄酥卷饼在国内也已经很出名了。它诞生于奥地利，在中世纪的德语中，它的名字意为“旋涡”。顾名思义，它就是用薄薄的面皮卷苹果馅制成的烘焙甜点。

薄酥卷饼传入特伦蒂诺–上阿迪杰是在19世纪的奥地利帝国统治时期，有人认为它是由土耳其的果仁蜜糖千层酥（baclava）发展而来。1520年前后，奥斯曼帝国的苏莱曼一世入侵土耳其统治下的匈牙利。人们认为果仁蜜糖千层酥就是在那时传至匈牙利，随后又在奥匈帝国统治下传入意大利的。

特伦蒂诺–上阿迪杰大区是意大利首屈一指的著名苹果产地。因此，薄酥卷饼也以苹果馅的最有名，但也有浆果馅（浆果也是当地特产）、蔬菜馅和肉馅的。

薄酥卷饼的美味秘诀在于面皮的厚度。面皮越薄，卷饼越脆，与充分吸收苹果汁水的湿润馅料形成鲜明对比。它外表并不怎么好看，却蕴含着难以想象的美味。

圣诞市场摊位上摆放的薄酥卷饼，购买时当场切割。

薄酥卷饼

材料

饼皮面团

- 低筋面粉……135克
- 温水……30毫升
- 全蛋……1个
- 橄榄油……10克
- 盐……1小撮

馅料

- 面包糠……60克
- 苹果……600克
- 柠檬汁……1/2个量
- 葡萄干……50克
- 柠檬皮细屑……1/2个量
- 黄油……50克
- A
  - 细砂糖……60克
  - 松子……25克
  - 肉桂粉……1小匙

黄油（融化）……30克

糖粉（收尾用）……适量

做法

1. 制作饼皮面团。把饼皮的所有材料放入碗中，揉捏至表面光滑，包上保鲜膜，在冰箱中醒1小时。如果面团太软，则添加适量面粉，直到面团不黏手。
2. 制作馅料。用平底锅加热使黄油化开，放入面包糠，炒至金黄后冷却。
3. 苹果切片，加入柠檬汁混合。加入A中所有材料、温水（配方用量外）、泡开的葡萄干、柠檬皮细屑，混合。
4. 把步骤1制作的面团放在铺有面粉的桌面上，分成3等份。分别用擀面杖摊成长30厘米、宽20厘米的薄皮，放在帆布上，用刷子涂上适量的融化黄油。
5. 把步骤2处理好的面包糠撒在面团上，在其上放步骤3处理的材料，提起帆布，从靠近自己的一边开始卷。把卷到最后的边缘转到下方，两端向内折，修整形状。
6. 放在铺有烘焙纸的烤盘上，涂上剩余的融化黄油。放入预热至200℃的烤箱中烘烤约30分钟，静置冷却，取出后撒上糖粉即可。

油炸面旋

STRAUBEN

弯弯曲曲的南蒂罗尔油炸甜点

种类：油炸甜点　　场景：居家零食

油炸面旋的意文名来自德语单词，意为“弯弯曲曲的”。它还有一个意文名叫作“fortaie”。

南蒂罗尔在1861年意大利统一时还不属于意大利，而是奥匈帝国的一部分，它于1946年并入到意大利，成了今天的特伦蒂诺-上阿迪杰大区，但南部的特伦蒂诺受威内托影响较大，而北部的上阿迪杰则受奥地利影响更大，所以同一个大区内呈现两种截然不同的饮食文化，非常有趣。顺便提一下，油炸面旋和P.70的薄酥卷饼都是上阿迪杰的甜点，在奥匈帝国时代传入该地区。

将松软的面糊倒入专用的漏斗状器具中，然后一边在空中划圈，一边让面糊落入高温的油中。听起来很简单，做起来却很困难。炸好后盛入碗中，然后撒上糖粉，再挤上一点蓝莓或树莓的果酱，就可以享用刚炸好的美味甜点了。外壳干脆而内部柔软，略带果渣白兰地的酒香，让人感受到浓浓的意大利北部风情。

油炸面旋在南蒂罗尔的圣诞节市场不可或缺。在严寒之下，热腾腾的油炸面旋真是再美味不过了。

油炸面旋

材料

牛奶……250毫升
低筋面粉……200克
盐……1小撮
黄油（融化）……2个
果渣白兰地……25毫升
鸡蛋黄……3个
鸡蛋清……3个量
细砂糖……50克
色拉油（油炸用）……适量
糖粉（收尾用）……适量
喜欢的果酱（收尾用）……适量

做法

1. 把牛奶、过筛的低筋面粉、盐放入碗中，用打蛋器搅拌均匀。
2. 加入融化的黄油、果渣白兰地和鸡蛋黄，搅拌至整体表面光滑。
3. 把鸡蛋清倒入另一个碗中，一边逐次少量加入细砂糖，一边打至八成发。再加入步骤2处理好的材料，用刮刀轻轻搅拌，注意不能消泡。
4. 将步骤3制作好的面糊倒入装有直径5毫米圆形裱花嘴的裱花袋中，在加热至190℃的色拉油上方，一边从中心开始向周围环绕画旋涡形，一边挤出面糊，形成直径15厘米的圆形。
5. 待两面都炸至金黄色后取出，沥去多余油分。盛盘，撒上糖粉，按自己的喜好挤上适量果酱即可。

克拉芬

KRAPFEN

果酱多多、奶油满满的圆形油炸面包

种类：油炸甜点　　场景：居家零食、甜品店点心、酒吧或餐厅点心、庆典甜点

这款甜点最初是只在狂欢节期间制作的，但现在一年四季都摆在意大利酒吧和甜品店的橱窗里，是意大利早餐的必备甜食。

从“krapfen”这个名字就不难想象，这肯定不是源自意大利本土的甜点。有人说它起源于德国，有人说是奥地利。有一种观点认为它是从奥地利的格拉茨市传到维也纳，然后再传入意大利北部的伦巴第-威尼托王国的，当时这个王国处于奥地利统治下。此后它进一步扩散至特伦蒂诺-上阿迪杰一带，所以现在人们认为克拉芬是这个地区的甜点。除此之外还有很多种观点，发源地难以确定，但它诞生于18～19世纪则已有定论。

狂欢节甜点很多都是油炸的。这是为了在体内储备充分的营养，为度过狂欢节之后来临的四旬斋（传统上进行节食、禁宴、断食和慈善等活动的时期）做准备。克拉芬以面粉、鸡蛋和牛奶等的常见食材为材料，所以它在平民之间也很受欢迎。

在意大利，除特伦蒂诺-上阿迪杰大区以外，克拉芬大多被称为“bomba”或“bombolone”，而那不勒斯和西西里岛人还将“krapfen”改造成意大利语单词“graffa”。在1861年意大利统一之前，那不勒斯和西西里是两个独立发展的王国。通过追溯甜食的历史，了解意大利这个国家的过去，也不失为享受意大利甜点的一种好方法。

克拉芬

材料

面团

- 马尼托巴面粉……50克
- 低筋面粉……200克
- 全蛋……1个
- 细砂糖……15克
- 牛奶……100毫升
- 啤酒酵母……10克
- 黄油（常温软化）……40克
- 盐……3克
- 香草粉……少量

杏子酱……75～100克

鸡蛋清……适量

色拉油（油炸用）……适量

糖粉（收尾用）……适量

做法

1. 把牛奶加热至人体体温，用一部分溶解啤酒酵母。
2. 把马尼托巴面粉、低筋面粉、香草粉放入碗中混合，加入细砂糖和全蛋，用手搅拌。
3. 一边逐次少量加入步骤1溶于牛奶的酵母和剩余的牛奶，一边揉至表面光滑。分2次加入常温软化的黄油，每次都揉至均匀。加盐，继续揉搓。
4. 揉至面团的表面光滑时，盖上布，放在温暖的地方发酵30分钟。然后放在桌面上，用擀面杖擀成5毫米厚，用直径8厘米的圆形模具压出12张面皮。
5. 把杏子酱分成6等份，抹在6张面皮中央。把鸡蛋清涂在这6张面皮的边缘上，每张面皮上盖1张面皮，用力按压黏合边缘。盖上布，发酵30分钟。
6. 用加热至160℃的色拉油炸至两面金黄。捞出沥去多余油分，撒上糖粉即可。

面包糠丸子

CANEDERLI DOLCI

用吃剩的面包制作的甜味小丸子

种类：面包或发酵甜点　　场景：居家零食、酒吧或餐厅点心

这是上阿迪杰地区的甜点。它的另一个德语名字“knödel”可能更广为人知。它是用吃剩的面包制作的，除了甜味的，还有咸味的，可以充当菜肴。

有这么一个传说。在15世纪，一群男人闯入了乡下的一间小屋。他们威胁屋子里的年轻女孩拿出吃的来，否则就烧了她的家。女孩只好拿出家里仅有的面包、烟熏火腿（意大利北部的特色熏制生火腿）、牛奶、面粉、鸡蛋等食材，做成丸子煮给这群男人吃。丸子非常好吃，男人们没有伤害她，老实地离开了。后来经过不断改造，出现了甜味的做法。

面包糠丸子的特点就是丸子表面裹了一层面包糠，丸子里的果酱采用当地出产的杏子和西梅制成。特伦蒂诺-上阿迪杰西部的瓦尔韦诺斯塔还有在收获季节把当地特产的杏子整颗放进面包糠丸子里的习惯。除此之外，现在面包糠丸子馅花样繁多，比如大区特产夸克干酪（一种未经熟成的凝块奶酪）、卡仕达酱、英式蛋奶酱等。

面包糠丸子

材料

黄油（常温软化）……40克
柠檬皮细屑……1/4个量
香草粉……少量
A
- 全蛋……2个
- 盐……1小撮
- 里科塔奶酪……200克
- 低筋面粉……15克

面包的白色部分……100克
西梅或杏子酱……适量
裹粉
- 黄油……50克
- 面包糠……50克
- 细砂糖……50克
- 肉桂粉……适量

做法

1. 把常温软化的黄油放入碗中，用打蛋器搅拌，加入柠檬皮细屑和香草粉混合。
2. 依次加入A中材料，每次都搅拌均匀。
3. 加入切成小块的面包，拌匀，放入冰箱冷藏室醒1小时左右。
4. 准备裹粉。用平底锅加热使黄油化开，放入面包糠炸至金黄，离火，加入细砂糖和肉桂粉搅拌。
5. 用水轻轻蘸湿双手，用手将步骤3处理的材料搓成直径约4厘米的小球，在中央用手指戳一个孔，用勺子把果酱填进孔内后捏合，然后放入加盐（配方用量外）的沸水中煮10分钟。
6. 趁热裹上步骤4的裹粉即可。

面包糠（pangrattato）主要是面包皮细细研磨制成的。面包的白色柔软部分粗研磨后的产物叫作白面包糠（mollica di pane）。

皮特挞

PITE

弗留利家庭代代相传的苹果挞

种类：馅饼糕点　　场景：居家零食

皮特挞是阿尔卑斯山区的卡尔尼亚地区的一种传统甜点，采用苹果制作。

自罗马帝国时代以来，弗留利的苹果已有两千多年的历史，还有记录称，一种传统的苹果品种——马蒂安娜种就是由罗马商人传播的。这种传统品种果肉较硬、甜味较淡，所以目前市面上的都是水分饱满、甘甜可口的新品种，比如金冠苹果（Golden Delicious）。不过，近年来也有人呼吁保护传统品种。

皮特挞是非常简单的甜点，仅仅是将苹果夹在挞皮之间，它的美味秘诀在于面团。弗留利曾被誉为乳制品的宝库，皮特挞的面团也很有当地特色，不加鸡蛋，而用融化的黄油来黏合。因此烤出的挞皮具有柔软而膨松的奇妙口感，与充分烘烤的苹果馅组成完美搭配。过去，为了尽可能延长保存时间，人们把面粉和黄油一起煮沸后制成面团。然后把面团放入模具中烘烤。“皮特（pite）”在当地方言中就是“模具、容器”的意思。以前没有煤气炉时，人们用炭生火做饭，皮特挞也是用炭烤的。用当地栽种的皱叶甘蓝叶包裹住模具，放进炭堆里烤。烘烤的过程中，屋子里一定充满了弗留利的气息吧。

皮特挞

材料

挞皮面团

- 低筋面粉……100克
- 细砂糖……20克
- 柠檬皮细屑……1/4个量
- 泡打粉……2克
- 果渣白兰地……10毫升
- 黄油（融化）……65克

馅料

- 苹果……200克
- 细砂糖……5克
- 核桃……10克
- 松子……10克
- 葡萄干……10克
- 肉桂粉……适量
- 柠檬汁……适量

糖粉（收尾用）……适量

做法

1. 制作挞皮面团。把除果渣白兰地和融化黄油以外的其他挞皮材料放入碗中，用手轻轻搅拌。加入其余材料搅拌，待混合成均匀整体后，包上保鲜膜，放入箱中醒约30分钟。
2. 制作馅料。用温水把葡萄干泡开，沥干。把苹果切成5毫米厚的扇形。核桃粗切碎。把所有的馅料材料放入碗中，混合均匀。
3. 用擀面杖把面团的一半擀至模具大小，然后把擀好的面皮摊在涂有黄油、撒有面粉（皆为配方用量外）的模具里，再铺上步骤2制作的馅料。
4. 以同样的方式用擀面杖擀剩余的面团，盖在步骤3的模具上，用手按压边缘，使上下层挞皮粘牢。
5. 放入预热至170℃的烤箱中烘烤约30分钟，冷却后撒上糖粉即可。

曲纹面包

GUBANA

来自斯洛文尼亚的发酵甜点

种类：面包或发酵甜点　　场景：居家零食、甜品店点心、庆典甜点

曲纹面包是弗留利-威尼斯朱利亚大区的甜点，受位于大区东北方的斯洛文尼亚影响非常深远。其意文名来自斯洛文尼亚语单词"guva（折弯的）"。

1409年，教皇格里高利十二世访问弗留利地区奇维达莱市时举办的晚宴上，厨师们第一次制作了曲纹面包，后来在18世纪流行开来。最近，曲纹面包在甜品店全年有售，但以前是只在过圣诞节和复活节等节日时才会制作的。在拉伸的发酵面团上摆放满满的坚果和香料制成的馅，用面团卷起来，再把卷好的条形折弯，做成旋涡形。这两个步骤就是其名称的由来。

戈里齐亚是靠近斯洛文尼亚国境的一个城市，在这儿的一家酒吧里，我请店主切一个大曲纹面包给我吃，店主告诉我："在我们这，都是把曲纹面包在斯利沃威茨酒（斯洛文尼亚的西梅蒸馏酒）里蘸着吃的。"我想好不容易来一回，所以就按店主所说蘸酒尝了尝。斯利沃威茨酒度数很高，诱发出坚果和香料的香气，在口中弥散开来。有机会我真想去一次斯洛文尼亚。

外表看起来很简单，却含有满满的坚果。甜品店里有各种大小的曲纹面包。

曲纹面包

材料

面团

- 低筋面粉……120克
- 牛奶……50毫升
- 啤酒酵母……7克
- 细砂糖……20克
- 盐……1小撮
- 柠檬皮细屑……1/4个量
- 黄油（常温软化）……45克

馅料

- 核桃……70克
- 葡萄干……30克
- 苦杏仁饼（→P.12）……20克
- 干饼干……35克（"干饼干"见P.126专栏）
- 黄油（融化）……30克
- 柠檬皮细屑……1/4个量
- 肉桂粉……适量
- 丁香粉……少量
- 果渣白兰地……约40毫升

鸡蛋清……适量

做法

1. 制作面团。把牛奶加热至人体体温，用其中一部分溶解啤酒酵母。把低筋面粉放入碗中，在中间挖一个洞，加入除黄油以外的面团材料，用手搅拌。混合成均匀整体后，分两次加入常温软化的黄油，每次都要按揉至充分混合。放在温暖的地方发酵1小时。
2. 制作馅料。把葡萄干浸在果渣白兰地（配方用量外）中泡开，沥干。把除果渣白兰地以外的所有馅料材料放入碗中，缓缓倒入果渣白兰地，直到材料刚好能够充分混合（加入的果渣白兰地约为40毫升）。
3. 把步骤2制作的面团放在桌面上，用擀面杖擀至5毫米厚，然后把步骤3制作的馅料摊到除了前后边缘的整个面皮上。从靠近身体的一侧开始卷至另一端，涂上搅匀的鸡蛋清，用力挤压黏合。
4. 把步骤4卷好的面包条盘成螺旋形状，放入涂有黄油、撒有面粉（皆为配方用量外）的模具中，然后放入预热至180℃的烤箱中烘烤35～40分钟即可。

荆棘王冠酥

PRESNIZ

酥松外皮，坚果内馅

种类：面包或发酵甜点　　场景：居家零食

这是的里雅斯特（弗留利-威尼斯朱利亚大区首府）的传统甜点。的里雅斯特面朝亚得里亚海，靠近斯洛文尼亚国界，历史上曾受多个民族的统治，尤数奥地利的哈布斯堡家族影响最深。意大利酒吧文化的精髓是一口气喝完意式浓缩咖啡，不在店内停留太久，但的里雅斯特却保留了源于奥地利的咖啡馆文化，当地人习惯坐下来享用咖啡。历史上还有很多诗人和作家都来过这里的咖啡馆。

荆棘王冠酥原本是复活节的甜点，它卷曲的形状模仿基督的荆棘王冠。馅内有满满的坚果，风味浓郁，最适合切成薄片品尝。

荆棘王冠酥的起源地和外形都与曲纹面包（→P.80）相似，但荆棘王冠酥来自宫廷文化，而曲纹面包则有其他的故事，这么看来，它们可能算是远房亲戚吧。

荆棘王冠酥

材料

低筋面粉……125克
温水……40毫升
黄油（常温软化）……100克
盐……1小撮
馅料
- 葡萄干……120克
- 朗姆酒……30毫升
- 核桃……120克
- 去皮杏仁……40克
- 细砂糖……100克
- 松子……40克
- 糖渍香橙果脯……20克
- 喜欢的意式饼干……50克
- 柠檬皮细屑……1/2个量

鸡蛋黄……适量

的里雅斯特甜品店中的荆棘王冠酥。现在一年四季都可以品尝到。

做法

1. 把75克低筋面粉、盐、温水放入碗中，揉成一个整体后包上保鲜膜，放入冰箱醒1小时。
2. 把剩下的低筋面粉和常温软化的黄油混合后用手捏成8厘米见方的方块。用保鲜膜包裹好，在冰箱中放置1小时。
3. 把步骤1制作的面团放在桌面上，一边撒低筋面粉（分量外），一边用擀面杖擀成边长16厘米的方形。把步骤2处理的材料放在中央，把边缘的面皮往内折。
4. 用擀面杖擀成30厘米长，分成三等份对折，然后旋转90°。用擀面杖再次擀成30厘米长，分成三等份对折，然后旋转90°。包上保鲜膜，放入冰箱中醒约1小时。将这一步骤再重复两次。
5. 制作馅料。葡萄干在朗姆酒中浸泡30分钟，变软后稍微沥干。把所有的馅料材料放入料理机中打成糊状，平分成两份，分别制成直径2厘米、长35厘米的条状。
6. 把步骤4的面团放在桌面上，用擀面杖擀成长40厘米、宽30厘米的面皮，切成两半，得到两块长40厘米、宽15厘米的面皮。把步骤5的馅料放在靠近身体一侧的面皮边缘上，卷向另一端，剩下的一份面皮和一份馅料也用相同方式处理。卷好后再从边缘卷成旋涡状，放在铺有烘焙纸的烤盘上。
7. 刷上鸡蛋黄，放入预热至190℃的烤箱中烘烤约20分钟即可。

✦专栏 1

意大利的巧克力文化

讲到现代的意大利甜点，就不得不提巧克力。意大利甜点历史悠久，可以追溯到公元前，而巧克力起源于16世纪，相比之下是比较新的食材。

巧克力的原料可可于公元前2000年起在中美洲栽培。这片土地孕育了玛雅文明（公元前20世纪至公元前16世纪）和阿兹特克文明（14～16世纪），当时人们将可可豆磨碎成糊状，加入水、香草和辣椒，作为药品或滋补健身的饮料饮用。此外，据说可可原本是奉献给神灵的供品，因此贵族们将其视为长生不老的神药，奉为珍宝。

可可传入欧洲是在16世纪哥伦布发现新大陆之后。1521年，西班牙人埃尔南·科尔特斯入侵阿兹特克帝国，将被称为“天神的美食”的可可豆作为战利品带回本国，献给了当时统治西班牙、那不勒斯和西西里的国王卡尔五世。据说，可可豆原本独特的苦味和酸味让人们难以接受，于是西班牙的修道院对它的口味进行了研究改善，用糖和牛奶等材料使其更易饮用，这就是流传至今的甜巧克力的起源。这种甜味饮料在西班牙王公贵族和上流阶级中非常流行。阿兹特克人将可可饮料称作“xocolatl（xoco意为酸味，latl意为水、饮料）”，所以西班牙人把这种饮料命名为“chocolate（巧克拉特）”。

那么可可豆是怎么传入意大利的呢？在同一时期，可可豆传入西班牙统治下的西西里岛的莫迪卡，后来在16世纪中叶又传到了北部的都灵。当时的都灵是萨伏依王朝的埃马努埃莱·菲利贝托的据点，他因指挥西班牙帝国军队有功而获赏可可豆，从此爱上了它，可可随即在都灵的王室贵族之间大受欢迎。至于在平民中广泛流传，则要等到100年以后。

不过，直到这时，人们仍然把巧克力作为饮料饮用。如今在都灵的酒吧还可以品尝到一种由热巧克力、意式浓缩咖啡、掼奶油调和的分层饮料，叫作“比切林咖啡（bicerin，都灵方言中意为小玻璃杯）”，这种饮料就是18世纪诞生的。

我们现在食用的固体巧克力是在进入19世纪后出现的。在席卷欧洲的工业革命浪潮中，荷兰人梵·豪登发明了压榨可可脂的机器，英国人将可可脂加入可可块中，改变了巧克力的成分，于是我们现在吃到的冷却后会凝固、入口即化的固体巧克力就此诞生。瑞士人研制出牛奶巧克力，同时还发明了巧克力生产机器，用于制作光滑亮泽的巧克力。都灵迅速引入这种最新技术，逐渐发展成“巧克力之都”。

现在都灵还有许多巧克力工厂，外形奇特的三角形榛子口味巧克力“吉安杜奥提（gianduiotto）”也是在这里诞生的。19世纪，可可价格高昂，为了降低成本人们开始添加榛子，没想到榛子和巧克力的组合却博得了意大利人的好评，吉安杜奥提成为都灵的著名特产。只要是意大利人，肯定都知道都灵近郊阿尔巴的费列罗公司生产的能多益（Nutella）榛子巧克力酱，它也是榛子和巧克力的组合。它已成为意大利早餐和小吃的必备调料，榛子和巧克力的人气组合也已取得了不可撼动的地位。

人们普遍认为可可首次传入意大利是在莫迪卡，这个城市今天更是作为巧克力之都而闻名。当地特产是口感粗糙的莫迪卡巧克力，其制作方法是把可可豆烘焙后研磨、凝固，制成可可块，然后与白砂糖混合，加热至45℃（可可脂的熔点）后凝固。由于白砂糖在45℃下不会融化，所以保留了白砂糖颗粒的粗糙口感，这与都灵的巧克力入口即化的口感正相反。但是也正因为低温制作，所以不会破坏可可的风味。

最近，从佛罗伦萨到比萨的地区被称为巧克力谷，新兴甜点制造商和原创甜点师齐聚此地。而且，都灵、佩鲁贾和莫迪卡等地都举办了大规模的巧克力节，吸引了众多海外游客前来体验。巧克力最初作为药物和补品登上历史舞台，如今却已成为意大利人生活中不可或缺的一部分。

（左上起横向）康索拉塔广场（Piazza della Consolata）的“Al Bicerin”是最正宗的比切林咖啡 / 吉安杜奥提的名字来源于都灵当地假面喜剧人物“吉安杜佳（Gianduja）”的名字，这个人物的特征是头戴三角形帽子 / 都灵的巧克力店。

（左上起横向）取出可可果实的果肉和种子，包裹在香蕉皮中发酵约一周后干燥，制成的就是可可豆 / 只需可可块、细砂糖，再加上香草、辣椒和肉桂等香料，就可以制作莫迪卡巧克力 / 莫迪卡巧克力的断面可以看到细砂糖颗粒。冬天喝上一杯溶有小麦淀粉的热巧克力，可以温暖身体、补充营养。

✦专栏 2

意大利的宗教节日和庆典甜点

在意大利首都罗马的怀抱中，坐落着基督教的大本营梵蒂冈城国。

意大利饮食文化自古以来与宗教紧密接触发展，与宗教节日有关的甜点数不胜数。

1月6日

主显节（Epifania）

这是三博士前往耶路撒冷庆贺耶稣基督诞生的日子。一般认为基督诞生于12月25日，但宗教上公认其生辰为1月6日。这一天还是女巫贝法娜（Befana）给小孩子们送礼物的日子，不过这跟宗教没有什么关系。大人们都说，听话的孩子会收到巧克力和糖，而调皮的小孩却只能得到黑炭。

●品萨饼→P.59

2～3月

狂欢节（Carnevale）

意大利语单词“Carnevale（狂欢节）”的词源是拉丁语的“carne vale（告别肉食）”，因此也译为“谢肉节”。为了分担基督受难的痛苦，从复活节前46天起要守“四旬斋”，斋戒期间不得食用肉类和甜点。四旬斋前，为了珍惜可以吃肉的时光，人们用6天的时间尽情享用肉类、热闹狂欢，这就是狂欢节。意大利各地都举办狂欢节庆典，甜品店会在节日期间摆出狂欢节专用的甜点，每家每户也都会制作。虽然不是法定节假日，但各级学校都会放假。

●嘎吱糖霜脆→P.33
●牛奶炸糕→P.60
●克拉芬→P.74
●佛罗伦萨扁蛋糕→P.100
●田园粗粮蛋糕→P.130
●意式香炸奶酪卷→P.178
●蜂蜜油炸小松果→P.182

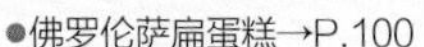

贝法娜出现的这一天，调皮的小孩们会收到做成黑炭形状的黑色糖果。其口感粗糙，有颗粒感，弄碎之后搭配意式浓缩咖啡会更美味。

在圣约瑟日的面包祭典，教会的祭坛摆满了装饰用的面包。一个个面包寄托了繁荣、丰收、幸福等美好愿景。

3月19日

圣约瑟（San Giuseppe）日

这是耶稣基督的养父圣约瑟的节日。意大利南方人信仰虔诚，对他们来说圣约瑟日是一个特殊的节日，所以南部常庆祝这一节日。传说圣约瑟将面包分给穷人们，所以西西里岛各地都会用装饰用的面包举办祭典。这个节日也是当地的父亲节。

●圣约瑟油炸泡芙→P.141
●圣约瑟海绵泡芙→P.176

3月下旬～4月

复活节（Pasqua）

这是春分后的满月之后第一个星期日举办的庆祝基督复活的节日，对意大利人来说是最重要的宗教节日之一，地位堪比圣诞节。从复活节前两周起，街上就能看到复活节鸽子面包、复活节巧克力蛋等特色甜点。复活节当天的惯例是家人团聚、共进午餐，习惯上当天还要吃复活节鸽子面包等复活节甜点。复活节后一天被称为“小复活节（Pasquetta）”，是节假日，在这一天人们会到郊外野餐烧烤。

●复活节鸽子面包→P.36
●曲纹面包→P.80
●荆棘王冠酥→P.82
●亮彩蛋糕圈→P.110
●羊奶酪饺子饼干→P.119
●奶酪麦粒格纹挞→P.136
●普利亚救赎面包→P.152
●坚果贴贴卷→P.156
●西西里卡萨塔蛋糕→P.184
●复活节羔羊→P.194
●尖角奶酪挞→P.198

5月下旬～6月下旬

基督圣体节（Corpus Domini）

这是瞻仰基督圣体、举行祝福仪式的节日。意大利各地举办鲜花节（Infiorata），在通往教堂的道路上铺满鲜花进行庆祝。

●蛋奶风味烤布丁→P.106

11月1日

诸圣节（Tutti i Santi）

在意大利，每年每一天都是一个“命名日”，每个命名日对应一位圣徒的名字。圣徒就是基督教会正式授予头衔的模范人物，是伟大的基督信徒。在意大利，与圣徒同名的人会庆祝自己的命名日。虽然每天对应两三名圣徒，但也有些圣徒没有单独的命名日，人们就把11月1日作为这些没有命名日的圣徒的节日。

●菱形提子饼干→P.200

复活节巧克力蛋是一种巨大的蛋形巧克力。内部是空心的，打开后可以看到里面放有一个叫作“惊喜小礼物（sorpresa）”的小玩具。

11月2日

亡灵节
（Commemorazione dei defunti）

人们相信在这一天死者的灵魂会回到现世，有点像中国的中元节。在这一天有上坟祭拜的习惯。在西西里岛，临近这天，甜点用品店就会摆出家庭制作杏仁面果的专用模具，甜品店里各式各样的杏仁面果也上架了，这种小糕点可作为餐后甜点切成小块食用。

●杏仁面果→P.192

12月8日

圣母无玷始胎节
（Immacolata Concezione）

圣母玛利亚受神的特殊恩典，她在胚胎形成的那一刻便不染原罪，这一天就是她的母亲安娜受孕的日子。意大利的圣诞节期间从这一天起，直到1月6日的主显节。本书所说的“圣诞节甜点”，也是在整个圣诞节期间都有制作，而不仅仅是圣诞节那一天。圣母无玷始胎节是节假日，许多家庭全家出动，一起制作圣诞节甜点，作为整个圣诞节期间的饭后甜点或零食。街上堆积如山的潘娜托尼面包是这一时期的独特风景。

12月25日

圣诞节（Natale）

这一天庆祝基督诞生，对于意大利人来说意义非凡。人们要和家人、亲戚围坐在餐桌前共进午餐，饭后要把潘娜托尼面包等甜点切开分着吃。第二天（12月26日）是第一位殉教者圣史蒂芬的节日，也是法定节假日。

●热那亚甜面包→P.20
●潘娜托尼面包→P.38
●教皇糕→P.46
●海绵馅饼→P.48
●修道院蛋糕→P.50
●黄金面包（潘多罗面包）→P.64
●珍宝蛋糕→P.66
●曲纹面包→P.80
●蜂蜜果脯糕→P.96
●蛇形杏仁糕→P.114
●什锦果脯扁糕→P.116
●蜂蜜卷→P.155
●坚果贴贴卷→P.156
●十字杏仁无花果干→P.158
●无花果泥环形酥→P.174
●蜂蜜油炸小松果→P.182
●烤杏仁糖→P.195

现在的杏仁面果不只有水果的形状，还有做成蔬菜、鱼等其他形状的。它能长期保存，所以也是送礼的经典选择。

各大公司在潘娜托尼面包的口味和包装上展开竞争。从轻松入手的大型食品公司的产品，到甜点师独家定制的高级面包，种类丰富。

婚礼甜点

意大利的婚礼持续时间非常长。按照惯例，在教堂举行完婚礼后，还要在别墅和餐厅举办宴会，这些宴会从傍晚开始，一直持续到深夜。据说半个世纪之前，意大利婚礼要花三天时间。对意大利人来说，像这样重要的喜事，甜点都是必不可少的。女人们花一个月时间为新娘和新郎制作甜点。这也难怪，因为人们相信甜点的多少与新娘和新郎未来生活幸福、子孙满堂息息相关。意大利南部的人们还保留着制作大量甜点的习俗，特别是撒丁岛的婚礼甜点更是漂亮，例如婚礼杏仁挞（→P.196）和婚礼花卷（→P.202）。

在婚礼上食用甜点的习俗可以追溯到古希腊。当时，人们把意式饼干弄碎，撒在新娘的头上，寓意五谷丰登、子孙兴旺。撒下的饼干碎被视为幸运的象征，宾客们竞相收集。到罗马时代，人们在新娘头顶上把大麦和蜂蜜制成的甜面包掰开，新娘和新郎共咬一片面包，发誓要共享人生。这可能就是现在婚礼上切蛋糕的起源。后来到中世纪，又出现了把小甜点堆成大蛋糕形状的习惯，这就是现在大量制作小甜点的起源。而纯白的象征——白色糖衣涂覆的婚礼蛋糕则直到19世纪才出现。

参加婚礼的宾客都会收到一个带有装饰的小袋子，叫作“糖果袋（bomboniere）”，里面放着包裹糖衣的杏仁，叫作“糖衣果仁（dragée）”。令人惊讶的是，它的起源也可以追溯到古罗马帝国时代。1000多年后的15世纪，自从十字军将白糖带到阿布鲁佐的小镇苏尔莫纳，人们便开始制作糖衣果仁。这座城市现在仍然被称为糖衣果仁之都。

糖衣果仁不仅在婚礼上分发，在各种庆典上也会发，但作为婚礼甜点，标配颜色绝对是白色。糖果袋里放的糖衣果仁一定是奇数，寓意永不分离。按照传统，婚礼的糖果袋里一般放5个，分别代表幸福、健康、子孙满堂、富裕、长寿。这种祝福不仅赠予新娘和新郎，参加仪式的宾客们也能“分一杯羹”。无论现在还是过去，甜点都会为大家带来幸福。

我在撒丁岛的婚礼上认识的婚礼杏仁挞。糖衣的装饰很漂亮。

糖果袋最基本的做法是用蕾丝包装糖衣果仁，并用鲜花装饰。还有将糖果放进陶器里的。

✦ 专栏 3

与甜点有关的意大利庆典

意大利人重视宗教活动。本页除了宗教活动之外，还将介绍丰收庆祝活动等规模不一、形式各样的庆典。如果想了解当地的甜点和菜肴，请一定到现场去参观体验。

月份	活动名	举办时间	大区名：市名	活动内容	本书相关页码
2月	巧克力狂欢 / Cioccolentino	2月中旬	翁布里亚：特尔尼	特尔尼是恋人们的主保圣人圣瓦伦丁的诞生地，在此举行巧克力狂欢。活动有很多摊位，还会举行试吃会	P.84
	杏花节 / Sagra del mandorlo in fiore ✣	2月下旬~3月上旬	西西里岛：阿格里真托	在杏花花期举办的活动。活动上会有很多出售西西里岛特产的小摊，还有世界民族服饰的集体舞蹈表演	无
	狂欢节 / Carnevale ✣	狂欢节期间	意大利各地	除威尼斯外，维亚雷焦（托斯卡纳）、普蒂尼亚诺（普利亚）、夏卡（西西里岛）都会举办庆祝活动。狂欢节甜点在甜品店有售	P.86
3月	炸糕节 / Sagra del castagnolo	狂欢节期间的星期日	马尔凯：蒙特圣维托	狂欢节油炸甜点——牛奶炸糕的庆典。其他的狂欢节油炸甜点也可以品尝到	P.60等
4月	烤杏仁糖节 / Sagra del torrone	小复活节（复活节后一天）	撒丁岛：托纳拉	托纳拉是中世纪之都的中心地，在此进行烤杏仁糖的现场制作演示	P.195
	里科塔奶酪节 / Sagra della ricotta	4月下旬	西西里岛：维齐尼	可以品尝刚做好的里科塔奶酪，还有机会观看现场制作演示。西西里岛的里科塔奶酪甜点琳琅满目。圣安杰洛穆克萨阿罗在1月也会举行	P.165等
	意大利冰激凌节 / Gelati d'Italia	4月下旬~5月上旬	翁布里亚：奥尔维耶托	可以品尝意大利的20种标志性冰激凌	P.208
5月	圣埃菲西奥节 / Festa di Sant'Efisio ✣	5月1日	撒丁岛：卡利亚里	撒丁岛最盛大的庆典，可以欣赏民族服饰，品尝庆典甜点	无
	手工冰激凌节 / Festival del gelato artigia-nale	5月下旬	马尔凯：佩萨罗	除各种意式冰激凌外，还有著名甜品店带来的烹饪秀	P.208
	梅花小饼干节 / Sagra del canestrel	5月下旬	皮埃蒙特：蒙塔纳罗	现场演示制作梅花小饼干	P.18
	羊奶酪饺子饼干节 / Sagra del calcione	5月下旬~6月上旬	马尔凯：特雷亚	可以品尝各种各样的羊奶酪饺子饼干	P.119
8月	榛果节 / Sagra della nocciola	8月中旬~下旬	皮埃蒙特：科尔泰米利亚	可以品尝用榛子制作的甜点和其他美食。还可以试饮当地的各种葡萄酒	P.4
9月	面包糠丸子节 / Sagra dei canederli	9月中旬	特伦蒂诺-上阿迪杰：维皮泰诺	市中心的长桌上摆放着各种面包糠丸子，有菜肴类的，也有甜点类的，可以尽情品尝。还有蒂罗尔的民族服装大会	P.76
	玉米饼干节 / Meliga day	9月下旬	皮埃蒙特：圣安布罗焦迪托里诺	用玉米粉制作的意式饼干、玉米饼干（meliga）的盛会。一排排的露天小店出售当地的特产	P.126
	美食节 / Salone del Gusto ✣	9~10月，持续约1星期（2年1次，偶数年）	皮埃蒙特：都灵	慢食运动协会举办的传统美食展览会。每2年举办1次，意大利全国各地的食品生产商、甜点制造商齐聚于此	无
	开心果博览会 / EXPO Pistacchio	9月下旬~10月上旬	西西里岛：布龙泰	在开心果之都布龙泰举办，可以品尝开心果甜点和其他美食。露天小店出售西西里特产	P.166

*意文名中含有“Sagra”的庆祝活动来源于丰收庆典。大多是村庄级别的小规模活动，交通可能不方便，但能感受到当地丰收庆典的氛围。
*标注有✣的活动表示客流规模较大的庆祝活动。
*每年的活动举办时间和活动内容都可能有变动。前往参加前请事先确认详情。

续表

月份	活动名	举办时间	大区名：市名	活动内容	本书相关页码
10月	马拉迪栗子节 / Sagra delle castagne di Marradi (FI)	10月的每个星期日	托斯卡纳：马拉迪	佛罗伦萨郊外山中小村里，出售特产的小摊排列有致，商品大多是烤栗子。活动第三周的周末，皮埃蒙特的福基亚尔多也同时举办	P.94
	提拉米苏节 / Tiramisù Day	10月上旬	威内托：特雷维索	甜品师们的提拉米苏竞赛和烹饪秀	P.62
	上阿迪杰面包及薄酥卷饼节 / Mercato del Pane e dello Strudel Alto Adige	10月上旬	特伦蒂诺－上阿迪杰：布列瑟农	可以品尝当地的面包、菜肴和薄酥卷饼。还有传统小麦脱壳技法的现场演示	P.70
	苹果节 / POMARIA	10月第2个星期日	特伦蒂诺－上阿迪杰：卡赛兹迪桑泽诺	苹果丰收庆典。除了各种苹果甜点，还可以品尝当地特产和乡土美食，还有烹饪秀和烹饪学习班	P.58 等
	全国烤栗节 / Fiera nazionale di marrone	10月中旬	皮埃蒙特：库内奥	市中心有古法烤栗子的现场制作演示。除了栗子甜点，还可以见到奶酪、蜂蜜等当地的各种特产和工艺品	P.94
	梅尔苹果节 / Mele a Mel	10月中旬	威内托：梅尔	可以品尝稀有品种的苹果、当地特产、乡土美食。还可欣赏民族服饰和民族音乐	P.58 等
	栗子节 / La castagna in Festa	10月中旬	托斯卡纳：阿尔奇多索	可以品尝栗子和用栗子做的美食。也有很多摊位出售特产	P.94
	丑糕节 / Sagra del masigott	10月中旬	伦巴第：厄尔巴	厄尔巴中央广场到处都是卖丑糕的小摊。广场上搭设临时小餐馆，可以品尝当地乡土美食	P.30
	欧洲巧克力节 / Euro choccolato ✣	10月中旬～下旬	翁布里亚：佩鲁贾	在意大利国内屈指可数的巧克力产地佩鲁贾举行，每年从全球吸引约100万名游客参观，当然也少不了小摊和试吃会	P.84
11月	巧克力天地 / Cioccolandia	11月上旬	阿布鲁佐：佩斯卡拉	意大利各地的巧克力师傅齐聚于此，举行巧克力的试吃和销售活动	P.84
	苹果蜂蜜节 / Sagra Mele Miele	11月上旬	皮埃蒙特：巴切诺	当地小规模生产者展示自家商品，主要是苹果和蜂蜜。还有关于养蜂的迷你讲座	P.78
	都灵巧克力节 / Coccola To’	11月上旬～中旬	皮埃蒙特：都灵	在巧克力之都——都灵举行的巧克力节。有试吃、巧克力制作实战等许多体验活动	P.84
	烤杏仁糖盛宴 / Festa del torrone	11月中旬	伦巴第：克雷莫纳	可以在中央广场品尝烤杏仁糖等当地特色甜点和特产	P.195
	巧克力节 / Chocofest	11月下旬～12月上旬	弗留利－威尼斯朱利亚：格拉迪斯卡迪松佐	有脱口秀和烹饪秀的巧克力节。街头有很多小摊，到处都是巧克力	P.84
	潘娜托尼面包节 / Re Panettone ✣	11月下旬～12月上旬	伦巴第：米兰	意大利全国优秀甜点师齐聚此地，展示他们原创的潘娜托尼面包。2天内就能吸引2万名游客	P.38
12月	莫迪卡巧克力节 / Chocomodica	12月上旬	西西里岛：莫迪卡	市中心的露天小摊出售意大利全国各地的巧克力	P.84，P.168
	西西里甜点节 / Dolce Sicily	12月下旬	西西里岛：卡尔塔尼塞塔	可以品尝烤杏仁糖等西西里岛的甜点。街上会有很多小吃摊，还有新鲜里科塔奶酪的试吃会	P.195 等

中部
CENTRO

在中部地区，各式饮食文化相互交融。这里有丘陵地带的栗子和坚果，还有源于乡村的朴素点心

意大利中部坐落着首都罗马和文艺复兴之都佛罗伦萨。这一带位于南北狭长的意大利半岛的正中央处，自古以来就因伊特鲁里亚人和古罗马帝国而文明发达。后来，因为这片土地处于南北中间，所以双方的食材和饮食文化也相互交融、不断发展。

绵延不绝的美丽丘陵地带盛产软质小麦，在托斯卡纳的山间可以采摘到优质的栗子，所以这里也出现了许多用栗子粉制作的点心。文艺复兴时期，美第奇家族的兴旺推动了华丽宫廷甜点的发展，但同时也有许多起源于乡村的、用简单原料制成的朴素而美味的甜点。在被誉为意大利“绿色心脏”的翁布里亚，经常能看到用坚果制作的甜点；而在其旁边的马尔凯，还能看到用坚果和果干制成的点心。另外，马尔凯在19世纪被意大利统一前一直处于分裂状态，因此这个大区的各个地区都有当地独特的意式饼干，这也是马尔凯的一大特征。

首都罗马位于拉齐奥大区，这个大区有流传自罗马帝国时代的简单的烘焙甜点，却鲜有华丽的传统甜点。是因为自繁盛的古罗马帝国之后，这片土地上再也没有出现过像中世纪美第奇家族那样强有力的贵族和王族吗？不过，当今许多甜点的原型都是在古代被创造出来的，这么一想，顿感古罗马帝国之伟大。

意式栗子蛋糕

CASTAGNACCIO

栗子粉制作的微甜田园甜点

种类：馅饼糕点　　场景：居家零食、甜品店点心

在整个托斯卡纳都能见到的出自农民的甜点。它在里窝那被称为“toppone”，在卢卡被称为“torta di neccio”，在阿雷佐被称为“baldino”。托斯卡纳是栗子的原产地，不过人们都说北部的穆杰罗地区的栗子味道尤为浓郁，而且品质优良。

制作栗子蛋糕需要用到秋天收获的栗子制成的栗子粉，所以在秋冬季节制作。传统的栗子粉制作工艺如下：用剥下的栗子皮点火，熏烤、烘干去皮的栗子，再把栗子磨成粉。这种宝贵的食材只会出现在栗子的收获季节，可以说是名副其实的季节限定品，一旦售罄则只能等到下一个秋天了。

意式栗子蛋糕常被认为是托斯卡纳的甜点，但其实利古里亚大区、伦巴第大区和皮埃蒙特大区等出产栗子的亚平宁山脉沿线地带也常见这种甜点。在这些地区，栗子是寒冷季节里重要的营养来源，用于烹饪和制作甜点。在利古里亚，除了迷迭香以外，还添加茴香籽作为香料；在皮埃蒙特，则添加苦杏仁饼（→P.12）和苹果，制作成质地柔软的蛋糕。每个地方都有自己独特的版本。

托斯卡纳的意式栗子蛋糕的原材料和制作方法非常简单，关键是要选用优质的栗子粉。它不含糖、动物油脂和鸡蛋，却有着栗子粉的诱人微甜，是一道朴素的甜点。

栗子粉（farina di castagne）常在冬天售罄。

意式栗子蛋糕

材料

栗子粉……100克
水……130毫升
松子……20克
葡萄干……20克
迷迭香叶……1/2枝量
核桃（粗切碎）……20克
橄榄油……8克
盐……1克

做法

1. 把葡萄干在温水（配方用量外）中浸泡10分钟，使其软化，然后沥干。
2. 把栗子粉倒入碗中，将水逐量加入，用打蛋器搅拌至表面光滑。
3. 留少量核桃、松子和葡萄干用作装饰，其余的加入步骤2制作的栗子粉面团中搅拌，加盐后进一步搅拌。
4. 把步骤3处理好的面团倒入涂有橄榄油（配方用量外）的模具中，撒上装饰用的核桃、松子、葡萄干、迷迭香叶，并涂上橄榄油。放入预热至195℃的烤箱中烘烤约35分钟，直至表面完全干燥即可。

蜂蜜果脯糕

PANFORTE

中世纪风城市锡耶纳的圣诞甜点

种类：馅饼糕点　　场景：居家零食、甜品店点心、庆典甜点

这种点心味道浓郁，是把大量坚果、果干和香料掺入面粉，用蜂蜜黏合后在烤箱中烘烤而成的。蜂蜜果脯糕最初的形态出现于中世纪，被称为“蜂蜜面包（pane milato）”，是由面粉加上水、蜂蜜和果干制成的。这种食品像面包一样，随着时间流逝会发霉变酸。但是当时面粉很珍贵，所以人们不会丢掉变质的面包，而是留下吃掉。据说正是因为带有酸味（拉丁语为fortis），所以才被命名为“panforte”。后来在中世纪盛期，修道院用东方贸易中流入意大利的白砂糖、香料等新食材对其进行改良，使其成为富含糖、坚果、果干和香料的高营养点心，而且可以长期储存。因为含有大量的胡椒（pepe），所以也曾被称为“panpepato”。1260年锡耶纳共和国和佛罗伦萨共和国之间发生了蒙塔佩蒂战役，关于这场战斗有一则传说：“锡耶纳军队在战时吃了营养丰富的蜂蜜果脯糕，所以以少胜多，打败了佛罗伦萨军队。”

如今，蜂蜜果脯糕在锡耶纳被称为“panforte”，在翁布里亚被称为“panpepato”，都是当地的经典甜点。它本应在圣诞节食用，但现在一年四季都能在甜品店找到。

蜂蜜果脯糕

材料

细砂糖……40克
蜂蜜……40克
低筋面粉……30克
去皮杏仁……75克
榛子……40克
糖渍柑橘果脯……70克
糖渍香橼果脯……70克
肉桂粉……3克
丁香粉……1克
肉豆蔻……少量
胡椒……少量
糖粉……适量
无酵饼……直径15厘米的圆形，1张

做法

1. 把细砂糖和蜂蜜倒入锅中，用中火加热至沸腾。
2. 将果脯切成1厘米见方的小丁，杏仁和榛子事先烘烤。把除糖粉和无酵饼以外的其他材料倒入碗中，用刮刀拌匀，逐步少量加入步骤1的材料并搅拌。
3. 在模具底部铺上无酵饼（可用烘焙纸代替），模具侧面涂上融化的黄油（配方用量外），把步骤2的材料倒入并铺平。
4. 撒上糖粉，放入预热至170℃的烤箱中烘烤约30分钟。冷却后，再次撒上糖粉即可。

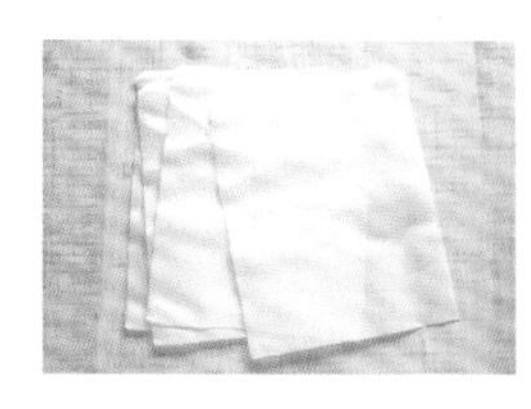

无酵饼是用小麦粉制成的极薄的面包。它代表基督的圣体，在弥撒期间信徒可以从牧师手中领取。

裂纹菱形饼干

RICCIARELLI

锡耶纳的菱形杏仁点心

◆◆◆◆◆◆◆◆◆◆◆◆◆◆◆◆◆◆

种类：意式饼干

场景：居家零食、甜品店点心

这是锡耶纳地区流传自中世纪的橙味酥软杏仁烘焙甜点。据说是由十字军远征归来的士兵从东方带入意大利，后经修道院模仿制作而成，很像受到阿拉伯强烈影响的西西里岛的杏仁糖膏（marzapane）。它的意文名“ricciarelli”自19世纪就出现了，词源是“收缩（arricciare）”。其特征是表面有因加热收缩而产生的裂纹。它的标准搭配是托斯卡纳的甜葡萄酒和圣酒。

裂纹菱形饼干

材料

去皮杏仁……100克

糖粉……50克

水……1大匙

玉米淀粉……10克

橙皮细屑……1/2个量

鸡蛋清……1/4个量

做法

1. 把杏仁和35克糖粉放入料理机，搅打成粉末。
2. 把剩余的糖粉和分量内的水倒入小锅中，小火加热使糖粉化开。
3. 把步骤1处理的材料、橙皮细屑和玉米淀粉放入碗中轻轻搅拌。用打蛋器把鸡蛋清打至稍微起泡，与步骤2化开的糖粉一起加入碗中，用手揉成一个整体，包上保鲜膜后放入冰箱冷藏室中醒2个小时。
4. 制成12个长约6厘米、厚约1厘米的菱形（或椭圆形），摆在铺有烘焙纸的烤盘上，撒上大量糖粉（配方用量外），放入预热至150℃的烤箱中烘烤12～15分钟即可。

轻歌脆饼

CANTUCCI

含有满满杏仁的坚硬饼干

◆◆◆◆◆◆◆◆◆◆◆◆◆◆◆◆◆◆◆

种类：意式饼干

场景：居家零食、甜品店点心、面包店点心

轻歌脆饼起源于普拉托，也被称为普拉托饼干，但现在托斯卡纳地区的大部分城市都制作这种甜点。因为在咀嚼时的清脆声音如唱歌一般，所以被称为“轻歌脆饼”。“biscotti（意式饼干）”的字面意思就是“烤两次”，轻歌脆饼也正是名副其实的意式饼干，它的特点是首先用整团面团烘烤，然后从烤箱中取出切成片状之后再次烘烤。这款饼干十分坚硬，所以也通常在托斯卡纳的甜葡萄酒、圣酒或咖啡中浸泡后食用。

轻歌脆饼

材料

全蛋……1个

细砂糖……180克

低筋面粉……270克

泡打粉……1克

牛奶……10毫升

带皮杏仁……120克

蛋液……适量

做法

1. 把鸡蛋和细砂糖放入碗中，用刮刀轻轻搅拌，再加入除杏仁和蛋液以外的所有材料。用手抓匀，整体混合均匀后加入杏仁，放在桌子上揉捏成一个整体。
2. 把面团分成两个长25厘米、宽4厘米左右的长方体。放在铺有烘焙纸的烤盘上，刷上蛋液，然后放入预热至180℃的烤箱中烘烤约20分钟。
3. 把面团取出，用刀斜切成约1厘米厚的面包片，然后切面朝上摆在烤盘中。放入预热至180℃的烤箱中烘烤约10分钟，直至完全烤干即可。

佛罗伦萨扁蛋糕

SCHIACCIATA ALLA FIORENTINA

佛罗伦萨纹章是它醒目的标志

种类：烘焙甜点　　场景：居家零食、甜品店点心、庆典甜点

橙香浓郁、口感膨松的佛罗伦萨冬季甜点。按照传统，这是在狂欢节最后一天的忏悔星期二食用的。它是用大量猪背油制作的发酵甜点，通过食用这种营养丰富的食品，人们可以储备能量，迎接狂欢节结束后的斋戒期。19世纪的伟大美食家兼作家佩莱格里诺·阿图西著有一部记载意大利中北部乡土料理的食谱集，在这本书中它甚至被称为“油脂扁蛋糕”。今天，人们常用橄榄油和黄油来代替动物油脂，而且不再进行发酵。可能是因为斋戒的习惯在现代逐渐消失，而且人们的生活习惯也发生了变化，所以材料和制作过程都变得更简单了。一如其名“schiacciata（压扁的）”所示，它的高度基本上不超过3厘米。甜品店也有切开零售的佛罗伦萨扁蛋糕，店员会把蛋糕横切成两半，然后夹入大量的卡仕达酱。

人们常说这款甜点顶部装饰着的佛罗伦萨纹章是“百合花”，但其实它是以鸢尾花（鸢尾属）为原型设计的纹样。为什么这朵花会成为佛罗伦萨的纹章尚无定论，有人认为是因为罗马帝国时期佛罗伦萨的城市建设动工时，恰好是近郊鸢尾花的花期。红色的鸢尾花纹章是佛罗伦萨街头随处可见的标志，在狂欢节期间，甜品店的陈列柜里也会摆上装饰有纹章的甜点。

佛罗伦萨扁蛋糕

材料

全蛋……3个
细砂糖……200克
橄榄油……50毫升
A
牛奶……90毫升
橙皮细屑……1个量
橙汁……60毫升
B
低筋面粉……300克
泡打粉……16克
香草粉……适量
糖粉（装饰用）……50克
可可粉（装饰用）……适量

做法

1. 把鸡蛋、细砂糖放入碗中，用打蛋器搅拌至黏稠。逐量加入橄榄油并搅拌，把A中所有材料也逐量加入并搅拌。
2. 把B中所有材料倒入碗中，用刮刀充分搅拌至表面光滑。
3. 把步骤2处理好的材料倒入铺有烘焙纸的模具中，放入预热至170℃的烤箱中烘烤约30分钟。冷却后在表面撒满糖粉，在顶部放上镂空鸢尾花纹模具，往纹样处撒入可可粉即可。

圆帽蛋糕

ZUCCOTTO

为美第奇家族打造的史上第一款冰糕

种类：湿点心　　场景：甜品店点心、酒吧或餐厅点心

圆帽蛋糕是圆顶形的湿点心，其形状类似神职人员佩戴的圆形小帽子（zucchetto）和15~16世纪士兵佩戴的金属帽子（zuccotto），故得此名。把海绵蛋糕坯浸入里科塔奶油，用意大利胭脂虫红利口酒（一种鲜红色利口酒）来增香。圆帽蛋糕的构造十分简单，但也正因构造简单，所以变种多不胜数。有人会往里科塔奶油中加入大量的坚果、巧克力、糖渍果脯等，也有人会用鲜奶油代替里科塔奶油，或是在鲜奶油中加入卡仕达酱制成外交官奶油（→P.213）。

圆帽蛋糕的历史可以追溯到16世纪中期贝尔纳尔多·布翁塔伦提为美第奇家族设计的点心。他既是一位建筑师，又是一位艺术家，同时还在饮食方面有很深的造诣。他在冬天收集冰雪，建造了在夏天也能保存食物的仓库，发明了食品冷藏技术。在这个圆顶形的仓库中，他创造了全新的甜点种类——“半冷冻甜点（semifreddo）”，其中命名为“卡特丽娜的头盔（elmo di caterina）”的就是最早的圆帽蛋糕。后来，美第奇家族的凯瑟琳·德·美第奇在远嫁法国时带上了半冷冻甜点，成为广为流传的佳话。

在佛罗伦萨的甜品店橱窗里，摆放着各式不同的圆帽蛋糕。一边品尝不同的圆帽蛋糕一边比较它们的差异，或许也是享受旅途的一种方式。

意大利胭脂虫红利口酒是把香料浸泡在酒精中制成的鲜红色利口酒。现在人们已不再使用昆虫色素，而使用天然食用着色剂。

圆帽蛋糕

材料

基础海绵蛋糕坯（→P.210）……150克

里科塔奶油

- 里科塔奶酪……300克
- 糖粉……75克
- 柠檬皮细屑……1/2个量
- 糖渍香橙果脯……50克
- 糖渍香橼果脯……40克
- 黑巧克力……50克
- 带皮杏仁……50克

糖浆

- 意大利胭脂虫红利口酒……30毫升
- 水……30毫升
- 细砂糖……10克

可可粉（收尾用）……适量

做法

1. 制作里科塔奶油。将里科塔奶酪碾压过筛制成泥。将果脯和巧克力粗切碎，把杏仁放入预热至180℃的烤箱中烘烤后粗切碎，和制作里科塔奶油的其他材料一起放入碗中充分混合。
2. 制作糖浆。把分量内的水和细砂糖放入锅中，中火加热至化开后从火上移开。冷却后加入意大利胭脂虫红利口酒并混合。
3. 把海绵蛋糕坯切成1厘米厚、3厘米宽、20厘米长的条状，留约5条备用。把其余的蛋糕坯紧密地填入模具中，然后刷上步骤2的糖浆。
4. 把步骤1的奶油倒入步骤3的模具中，然后把备用的蛋糕坯紧密地盖在奶油上。刷上糖浆，包上保鲜膜，然后放在冰箱冷藏室中醒一夜。
5. 把模具倒置，取出蛋糕放在盘子上，在表面撒满可可粉即可。

栗子可丽饼

NECCI

有嚼劲的栗子粉可丽饼

◆◆◆◆◆◆◆◆◆◆◆◆◆◆◆◆◆◆◆◆◆

种类：湿点心

场景：居家零食

它是在托斯卡纳中部，以及从卢卡到皮斯托亚一带都有的乡土甜点。到了制作栗子粉的秋季，街上也会有摊位出售栗子可丽饼。在意大利，人们把两块铁板组合在一起，内侧涂上猪油，然后把可丽饼夹在中间煎烤。之前人们经常佐以板栗蜂蜜来食用。除了甜口的栗子粉可丽饼之外，还有把萨拉米肉肠卷在里面的家常菜版。

栗子可丽饼

材料

栗子粉……50克

细砂糖……15克

盐……1小撮

水……80毫升

橄榄油……10毫升

基础的里科塔奶油（→P.212）……200克

做法

1. 把栗子粉、细砂糖和盐放入碗中轻轻搅拌，然后逐步少量加入分量内的水，并用打蛋器搅拌。加入橄榄油，进一步搅拌。
2. 在预热的平底锅里涂一层薄薄的橄榄油（配方用量外），然后倒入步骤1的1/4面糊。转动平底锅，把面糊摊成直径约10厘米的薄饼，充分煎烤两面。一共制作4张薄饼。
3. 冷却后，每张薄饼中央放1/4的里科塔奶油，然后把两边卷起封闭即可。

英式甜羹*

ZUPPA INGLESE

名为“英国风味汤”的调羹点心

◆ ◆ ◆ ◆ ◆ ◆ ◆ ◆ ◆ ◆ ◆ ◆ ◆ ◆ ◆ ◆ ◆ ◆ ◆ ◆

种类：调羹点心
场景：甜品店点心、酒吧或餐厅点心

其做法基本上就是把浸有意大利胭脂虫红利口酒（→P.102）的海绵蛋糕坯和卡仕达酱叠在一起。在意大利，有一种甜点类别叫作“调羹点心（dolce al cucchiaio）”，指布丁、慕斯这一类用勺子吃的餐后甜点。据说英式甜羹的起源还与美第奇家族有关。不过从甜点分类的角度可以发现一件有趣的事：意大利的贵族从很早的时代起就用刀叉来享用美食了。

*参见P.62第三段。

英式甜羹

材料

基础海绵蛋糕坯（→P.210）……60克
基础卡仕达酱（→P.211）……200克
意大利胭脂虫红利口酒……50毫升
鲜奶油……100毫升
细砂糖……20克

做法

1. 海绵蛋糕坯切成1.5厘米见方的小丁，把1/9的部分铺入容器内。用刷子涂抹意大利胭脂虫红利口酒，使酒液完全浸透蛋糕坯。
2. 在蛋糕坯上放入1/6的卡仕达酱并涂抹开，再放入1/9的海绵蛋糕坯，并涂上意大利胭脂虫红利口酒。把上述操作重复一次，盖上卡仕达酱和蛋糕坯，再涂上意大利胭脂虫红利口酒。如此制作3人份。
3. 把鲜奶油和细砂糖混合并打至八成发，用作装饰。

蛋奶风味烤布丁

LATTAIOLO

牛奶鸡蛋烤布丁

种类：调羹点心　　场景：居家零食

这款调羹点心的制作方法和材料都非常简单，集牛奶、鸡蛋、面粉以及肉桂和肉豆蔻的香气于一身。它和布丁或法式烤布蕾很相似，唯一的区别是它不含焦糖。在艾米利亚–罗马涅大区也有几种类似的点心，名为“casadello”“latteruolo”“coppo”。

蛋奶风味烤布丁原本是托斯卡纳地区的一种传统甜点，源于16世纪，但今天已经很少人知道了。这种甜点最早可以追溯到基督圣体节时农民们把它作为贡品献给领主的做法。基督圣体节原本被视为重要的节假日，但在1977年，政府为了提高国内生产总值，减少了假期天数，这一天便成了工作日。意大利人的饮食文化与宗教息息相关，所以蛋奶风味烤布丁最近销声匿迹，可能就是因为这一天变成了工作日。

在艾米利亚–罗马涅大区，蛋奶风味烤布丁是用无油无糖面皮（→P.213）制作的像蛋挞一样的甜点，这种面皮由面粉、水、橄榄油简单揉捏制成。在向领主献上贡品的时候，如果使用模具则必须连模具一并上供，所以据说无油无糖面皮最初是作为容器使用的。

在意大利料理之父佩莱格里诺·阿图西的烹饪书籍中，有一份与蛋奶风味烤布丁极为相似的食谱，名为“葡萄牙牛奶（latte al portoghese）”。当时的做法是把面团放入锅中、盖上锅盖，为了使顶部也能烤熟而放上高温加热的炭，放入柴火窑中烘烤。现在用电烤箱可以轻松制作甜点，但在过去，甜点是为了特殊时刻而准备的珍贵食品。

蛋奶风味烤布丁

材料

牛奶……300毫升
玉米淀粉……25克
A
- 全蛋……2个
- 细砂糖……50克
- 柠檬皮细屑……1/2个量
- 肉桂粉……少量
- 肉豆蔻粉……少量
- 盐……1小撮

做法

1. 把A中所有材料放入碗中，用打蛋器充分搅拌。
2. 加入过筛的玉米淀粉，用打蛋器充分搅拌。
3. 把牛奶倒入锅中，加热至即将沸腾，然后逐步少量倒入步骤2处理好的材料中，同时用打蛋器搅拌。
4. 把步骤3处理好的材料倒入铺有烘焙纸的模具中，放入预热至160℃的烤箱中烘烤约40分钟即可。

鲜葡萄扁面包

SCHIACCIATA CON L'UVA

用鲜葡萄烤制而成的佛卡夏面包

种类：面包或发酵甜点　　场景：居家零食、甜品店点心、面包店点心

一到葡萄的收获季节，鲜葡萄扁面包为甜品店和面包店招来大批客人，成为佛罗伦萨秋天的一道风景线。正如名称“schiacciata（压扁）”所示，它的外形就像薄的佛卡夏面包。它是佛罗伦萨和普拉托的传统甜点，现在几乎遍布托斯卡纳全土。

鲜葡萄扁面包原本是农民在9～10月的葡萄收获季节里制作的甜点，这一点从它简单的配方中也可以看出。正因为最早由农民制作，所以制作方法没有明确的文字记录，由母女之间代代相传。

按照传统，要用基安蒂地区盛产的卡内奥罗葡萄（Canaiolo）制作这种甜点。卡内奥罗葡萄颗粒小、果核大，不适合酿造葡萄酒，但它甜美多汁，所以适合制作甜品。鲜葡萄扁面包有两种类型：一种是在一块面包上放葡萄；另一种是在两块面包中间夹入葡萄，同时还在表面放葡萄。无论哪一种，在烘烤过程中葡萄都会流出大量果汁，所以面包会被浸湿变软。所以，虽然使用的面团类似于普通的面包，但吃起来却完全是甜品的感觉。葡萄籽也可以直接吃下，柔软的面包和坚硬的果核形成鲜明对比，咀嚼时的清脆声音也别有一番风味。由于卡内奥罗葡萄易发生病害，所以许多人不再种植，现在一般用弗拉戈拉葡萄和莫斯卡托葡萄来代替。

在发酵面团上放鲜葡萄，可谓是一种大胆创新的甜点。一旦品尝过面团中涌出的葡萄的甜美味道和果核的口感之后，就永远不会忘记。在秋天的佛罗伦萨务必一试。

鲜葡萄扁面包

材料

低筋面粉……200克
温水……90毫升
鲜酵母……5克
细砂糖……15克
橄榄油……15克
盐……3克
葡萄……400克

做法

1. 把鲜酵母溶解在适量温水中。
2. 把低筋面粉、步骤1溶解的酵母、5克细砂糖放入搅拌碗中，加入剩余的温水，用厨师机搅拌，成为均匀整体后加入橄榄油和盐，继续搅拌至表面有光泽。
3. 在温暖的环境下放置1小时，发酵至原来的约2倍大。
4. 用擀面杖把面团擀至约1厘米厚。
5. 放上葡萄，撒上10克细砂糖。
6. 放入预热至180℃的烤箱烘烤约25分钟，直至葡萄变软即可。

亮彩蛋糕圈

TORTA CIARAMICOLA

佩鲁贾的复活节蛋糕

种类：馅饼糕点　　场景：居家零食、甜品店点心、庆典甜点

在意大利，古老的事物随处可见。翁布里亚的首府佩鲁贾就是一座古老的城镇，它从公元前8世纪到公元前2世纪的伊特鲁里亚时代以来就一直繁荣昌盛。这款甜点的“ciaramicola”这个奇特的意文名据说是来自翁布里亚方言“ciara”和意大利语单词“chiara（意为明亮、闪耀，或蛋清、蛋白）”。顾名思义，这道甜点的表面覆盖着厚厚一层充分打发的白色蛋白霜。

乍看之下，亮彩蛋糕圈像是一个被白色覆盖的甜甜圈形蛋糕，但切开之后会发现里面是鲜艳的红色，这种鲜明对比令人惊讶。蛋糕的红色是意大利胭脂虫红利口酒的颜色。据说蛋白霜的白色和意大利胭脂虫红利口酒的红色是佩鲁贾市旗的颜色，但也有人说颜色的意义不止如此。红色、白色，以及彩色糖珠的蓝色、绿色、黄色，这5种颜色代表佩鲁贾的5个关口，以及每个关口连接的地区。红色是圣天使门，连接着运输柴火的道路；白色是太阳门，通向能反射阳光的大理石地区；蓝色是圣苏姗门，通向特拉西梅诺湖；绿色是艾不内门，连接着去往森林和葡萄田的道路；黄色是圣彼得门，连接着运输市民一日三餐的基础食材——金灿灿的小麦的道路。每个地区现在仍然保存着珍贵的宝藏和艺术品，可以按照时代顺序了解佩鲁贾的城市发展。每年6月都会举行名为“佩鲁贾1416”的盛会，5个地区在活动中相互挑战。

从仅仅一道甜点中就可以窥见佩鲁贾的历史，意大利点心真是令人敬佩。

彩色糖珠是中部以南地区的庆典甜点里必不可少的装饰品。

亮彩蛋糕圈

材料

全蛋……1个
细砂糖……125克
低筋面粉……225克
泡打粉……8克
黄油（融化）……50克
柠檬皮细屑……1/4个量
意大利胭脂虫红利口酒……50毫升
蛋白霜
- 鸡蛋清……1个量
- 糖粉……10克

彩色糖珠（收尾用）……适量
※甜甜圈形模具可用天使蛋糕模具代替。

做法

1. 把全蛋、细砂糖、柠檬皮细屑放入碗中，用打蛋器搅拌至黏稠。
2. 加入低筋面粉、泡打粉，用刮刀搅拌均匀，待不再呈现粉状后加入融化的黄油和意大利胭脂虫红利口酒，搅拌至表面光滑。
3. 把步骤2的材料倒入涂有黄油、撒有低筋面粉（皆为配方用量外）的模具中，放入预热至180℃的烤箱中烘烤约30分钟。
4. 从烤箱中取出，在模具中静置10分钟后取出。把糖粉和鸡蛋清混合，打发至能拉出尖角，制成蛋白霜，用刮刀涂在蛋糕表面，然后撒上彩色糖珠。
5. 把蛋糕放回温热的烤箱中，为防止蛋白霜烤焦，打开烤箱门放置10分钟，烘干蛋白霜即可。

圣公斯当休面包圈

TORCOLO DI SAN COSTANZO

1月29日圣公斯当休日的庆典甜点

种类：面包或发酵甜点　　场景：居家零食、甜品店点心、面包店点心、庆典甜点

在意大利的日历上，日期旁一般写有当天对应的圣人的名字。每一个城市都有主保圣人，这位圣人对应的日子就是仅属于这座城市的节假日。在翁布里亚的首府佩鲁贾，1月29日是圣公斯当休日，临近这一天时，城市随处都能看到圣公斯当休面包圈。圣公斯当休是佩鲁贾的第一位主教，他尽职尽责地工作了很长一段时间，于178年在马可·奥勒留的命令下殉教。据说那一天正是1月29日。

这款甜点的做法是往简朴的发酵面团里加入葡萄干、糖渍果脯、松子和茴香，做成中央开孔的甜甜圈形。传说人们用鲜花项圈来遮掩圣公斯当休遗体上的斩首伤口，所以圣公斯当休面包圈被设计成了项圈的形状。5道切痕代表佩鲁贾的5道城门，但遗憾的是烘焙完后这些切痕几乎都看不见了。顺便一提，“torcolo”这个名字来自拉丁语单词“torquis”，意思是“项圈”。

这款圣公斯当休面包圈虽然是甜点，但口感却干巴巴的。所以人们常把它在翁布里亚产的甜口圣酒中浸泡后食用。

圣公斯当休面包圈

材料

低筋面粉……80克
马尼托巴面粉……60克
温水……70毫升
啤酒酵母……8克
细砂糖……30克
盐……2克
黄油（常温软化）……15克
橄榄油……20毫升
A
- 葡萄干……40克
- 糖渍香橼果脯……35克
- 松子……25克
- 茴芹籽……4克

蛋液……适量

做法

1. 把低筋面粉和马尼托巴面粉倒入碗中，在中间挖一个凹陷。用分量内的温水融化啤酒酵母，注入凹陷中。把面团揉至表面光滑。
2. 在面团表面划一个十字，放在温暖的地方，盖上布，放置30分钟，发酵至约2倍大。
3. 把A的葡萄干浸泡在温水中（配方用量外）约15分钟，泡开变软后沥干。
4. 把细砂糖、盐、橄榄油放入另一个碗中，用打蛋器充分搅拌。把常温软化的黄油切成小块。
5. 把步骤2制作的面团放在桌面上，用擀面杖擀至约1厘米厚，再把步骤4处理的材料放在上面。由于面团十分柔软，所以用刮板揉面。材料均匀融合后加入步骤3的葡萄干和A中的其他材料（将果脯事先粗切碎）。继续揉直至面团不再粘手，放在温暖的地方，盖上布，醒约30分钟。
6. 把面团搓成直径3厘米的条状，在桌面上扭成两端相连的圆形。放在铺有烘焙纸的烤盘上，在温暖的地方发酵1小时。
7. 斜切出5道划痕，用刷子涂上搅匀的蛋液，然后放入预热至170℃的烤箱中烘烤约20分钟即可。

蛇形杏仁糕

TORCIGLIONE

蛇形圣诞杏仁甜点

种类：烘焙甜点　　场景：居家零食、甜品店点心、庆典甜点

意大利全国上下有许多圣诞甜点，其中大放异彩的一款要数蛇形杏仁糕。这种卷成蛇形的甜点是佩鲁贾的圣诞节烘焙甜点。关于为什么会是这个形状，有多种解释。

佩鲁贾附近有一座毗邻特拉西梅诺湖的村庄，据传村民们以前在冬至那一天用杏仁和蜂蜜来制作饱含祈愿的蛇形甜点。因为爬虫类动物会蜕皮，所以这种甜点被视为生命力和年轻的象征。而且，卷曲的形状还象征一年四季的周期性变化和人的轮回转生。另一种说法是，在基督教中蛇被视为邪恶之物，所以吃掉蛇形的食物就象征着战胜邪恶。

此外，还有人认为这款甜点的形状模仿的不是蛇，而是特拉西梅诺湖的鳗鱼。在冬季的特拉西梅诺湖的马焦雷岛上的某个周五，一名高级圣职人员到访修道院。根据基督教的教义，星期五是斋戒日，也是吃鱼（不吃肉）的日子，不巧那天特拉西梅诺湖冻住了，所以没法用当地特产的鳗鱼来款待客人。于是，当时修道院的首席厨师用修道院里现有的食材制作了鳗鱼形的甜点，以此招待到访的高级圣职人员，这就是今天的蛇形杏仁糕。意大利的很多地方都有在平安夜的晚餐中食用鳗鱼来辟邪的习惯，因此这一说法似乎很有说服力。

无论如何，我们可以大致确定这种甜点起源于特拉西梅诺湖，现在已成为距湖约25公里远的佩鲁贾的传统点心。

蛇形杏仁糕

材料

去皮杏仁……125克
细砂糖……50克
鸡蛋清……1/2个量
糖渍香橼果脯……40克
松子……10克
脱水樱桃（红）……1颗
去皮杏仁（装饰用）……7粒
鸡蛋清（刷面用）……适量

做法

1. 把125克杏仁、细砂糖、糖渍香橼果脯放入料理机中细细打碎。
2. 加入鸡蛋清和松子，揉成约3厘米宽、30厘米长的面团。把面团卷成弯曲的蛇形。
3. 用刀每隔2厘米斜切一道划痕，放上装饰用的杏仁。把脱水樱桃切成两半，分别放在蛇眼的位置。
4. 刷上蛋清，放入预热至160℃的烤箱中烘烤约30分钟，直至略微烧焦即可。

什锦果脯扁糕

FRUSTINGO

无花果干圣诞点心

种类：杏仁糖点及其他甜点　　　场景：居家零食、甜品店点心、庆典甜点

这款甜点见于马尔凯大区全境，只不过名称因地区而异，如“fristingo”“frostengo”“pistingo”“bostrengo”等。“Frustingo”一名用于马尔凯州南部的阿斯科利皮切诺地区，据说源自拉丁语的“frustum（小的东西、矮而宽平的东西）”。实际上，什锦果脯扁糕一般的确不高，呈扁平状。食谱也因地区和家庭而异，不过以前都是农民制作，用的是无花果干、核桃、杏仁、蜂蜜等极为简单的材料。

在调查过程中，我发现了一种说法，即这种点心的原型可以追溯到公元前繁荣富裕的伊特鲁里亚文明。据说当时使用的材料有斯佩耳特小麦、大麦、蜂蜜、果干、坚果、香料以及猪血。古罗马帝国时期也有制作，在博物学者盖乌斯·普林尼·塞孔都斯的著作《博物志》中以“panis picentinus（有馅面包）”的名称登场。与现在稍有不同是加入了谷物，但整体仍与今天的什锦果脯扁糕十分相似。今天人们用可可粉或意式浓缩咖啡做成发黑的颜色，其实源于当时猪血的颜色，而且现在阿斯科利皮切诺仍保留使用胡椒、肉桂等香料的配方，所以这一说法比较实际。

今天并不甚出名的什锦果脯扁糕，原来是诞生于公元前的历史悠久的甜点啊。

什锦果脯扁糕

材料

无花果干……100克
葡萄干……50克
细砂糖……50克
喜欢的糖渍果脯……20克
去皮杏仁……20克
核桃……20克
低筋面粉……35克
意式浓缩咖啡……15毫升
朗姆酒……10毫升
橙皮细屑……1/8个量
可可粉……10克
胡椒、肉桂……适量
橄榄油……适量
去皮杏仁、糖渍果脯（装饰用）
……适量

做法

1. 把葡萄干用温水泡开后沥干。把无花果干切成5毫米厚的细丝，用热水煮5分钟，沥干放入碗中，趁热加入葡萄。
2. 把除橄榄油和装饰用的材料以外的所有材料（将果脯、去皮杏仁和核桃事先粗切碎）加入步骤1处理的材料中，用刮刀充分搅拌，使整体均匀融合。
3. 放入涂有橄榄油的模具中，抹平表面，刷上橄榄油，用杏仁和糖渍果脯装饰。
4. 放入预热至200℃的烤箱中烘烤约30分钟，直至边缘轻微变色即可。

果干玉米饼

BECCUTE

玉米粉小饼干

◆◆◆◆◆◆◆◆◆◆◆◆◆◆◆◆◆◆◆◆

种类：意式饼干

场景：居家零食、甜品店点心

过去，果干玉米饼是用做完波伦塔（即玉米粥）之后剩余的玉米粉制作的。它传入马尔凯大区（特别是内陆地区）之后，深受当地诗人贾科莫·莱奥帕尔迪的喜爱，所以也被称为莱奥帕尔迪饼干（beccute di leopardi）。有趣的是，使用粗磨的玉米粉会带来酥脆的口感，使用细磨的玉米粉饼干会充满嚼劲，根据粉质不同，制成的饼干也大相径庭。

果干玉米饼

材料

葡萄干……25克	核桃……25克
无花果干……25克	去皮杏仁……25克
玉米粉……125克	橄榄油……15毫升
细砂糖……15克	盐、胡椒……少量
松子……25克	开水……100毫升

做法

1. 把葡萄干和无花果干用热水（配方用量外）泡开后沥干。把泡开的无花果粗切碎。
2. 把除开水以外的所有材料（将核桃和去皮杏仁事先粗切碎）放入碗中，逐量加入分量内的开水，用手搓揉直至变软。
3. 把面团制作成约30个直径3厘米的球形，放在铺有烘焙纸的烤盘上。用手掌压扁使其呈圆形。
4. 放入预热至160℃的烤箱中烘烤约15分钟，直至轻微烤焦即可。

※照片左侧的饼干使用粗磨玉米粉制作，右侧的饼干使用细磨玉米粉制作。

羊奶酪饺子饼干

CALCIONI

酸甜味的复活节意大利饺子

◆◆◆◆◆◆◆◆◆◆◆◆◆◆◆◆◆◆◆

种类：意式饼干

场景：居家零食、甜品店点心、庆典甜点

羊奶酪饺子饼干也被称为“piconi”。意文名的“calcioni”一词源于拉丁语中表示“奶酪”的“caseum”，抑或是意为“钙”的“calcium”。不论哪种说法，奶酪都是重要的原料。佩科里诺奶酪（绵羊奶酪）味道咸甜，所以也可以当作零食，还可以在奶酪中加入里科塔奶油食用。每年5月下旬~6月上旬，马尔凯大区的特雷伊阿会举办羊奶酪饺子饼干节，这一活动已经具有50多年的历史。

羊奶酪饺子饼干

材料

面团

- 低筋面粉……100克
- 橄榄油……5毫升
- 细砂糖……12克
- 黄油（融化）……12克
- 全蛋……1个
- 鸡蛋黄……1个

馅料

- 鸡蛋清……1个量
- 全蛋……1/2个
- 细砂糖……50克
- 佩科里诺奶酪碎……125克
- 柠檬皮细屑……1/4个量

做法

1. 制作面团。把所有的面团材料放入碗中，揉捏至表面光滑后放入冰箱冷藏室，放置1小时。
2. 制作馅料。把鸡蛋清用打蛋器打至五成发，加入其他馅料材料充分搅拌。
3. 用擀面杖把步骤1制作的面团擀薄，用直径10厘米的圆形模具压出8张面皮。把步骤2制作的馅料分为8等份，分别放在每张面皮的中央。把面皮对折，用叉子尖按压边缘使其封口，然后在表面用剪刀划十字。
4. 放在铺有烘焙纸的烤盘上，放入预热至180℃的烤箱中烘烤约20分钟即可。

胭脂夹心饼

CAVALLUCCI

可可风味的鲜红色柔软饼干

种类：意式饼干　　场景：居家零食、甜品店点心、庆典甜点

我在意大利最初居住的地方是马尔凯大区的一个名叫耶西的城市，从大区首府安科纳出发到这里需要20分钟车程，它是一座被城墙包围的小城塞，墙下有美丽的旧街区。若去逛逛城市里的甜品店，一定会看到一种红色的意式饼干，名为胭脂夹心饼。实际上，我曾见过颜色更加鲜红的这种甜点，当我颇为稀奇地打量它时，店主很得意地说：“这可是起源于耶西的！”现在回想起来真令人怀念。当时在耶西有烹饪学校教授意大利全国的乡土美食，我在那儿上过课。在学校我学习了制作马尔凯大区的美食，当然也学会了胭脂夹心饼。

“胭脂夹心饼是农民发明的甜点。从材料就能看出来吧？就是用核桃、杏仁、面包糠这些家常材料做出来的。就算这样，在过去甜点可是奢侈的食物！”一位厨师如此表达他对马尔凯的浓浓乡土之爱。

从11月11日的圣马丁节开始，整个冬季人们都制作胭脂夹心饼。在意大利，11月11日被称为“葡萄酒酿成日”。在庆典上，人们会就着葡萄酒食用胭脂夹心饼。用葡萄酒和胭脂夹心饼来消磨秋天的长夜，不失为度过充满意大利风情的愉快夜晚的方法。

胭脂夹心饼

材料

面团

- 低筋面粉……150克
- 细砂糖……50克
- 白葡萄酒……35毫升
- 橄榄油……30毫升
- 肉桂粉……少量

A

- 核桃……20克
- 去皮杏仁……10克
- 糖渍香橙果脯……15克
- 细砂糖……30克
- 可可粉……1小匙

B

- 意式浓缩咖啡……20毫升
- 马尔萨拉葡萄酒……20毫升
- 白葡萄酒……20毫升
- 熬葡萄汁……20毫升

面包糠……30克

橙皮细屑……1/4个量

意大利胭脂虫红利口酒、细砂糖（收尾用）……适量

做法

1. 制作面团。把所有面团材料倒入碗中，揉至表面光滑，放入冰箱冷藏室醒1小时。
2. 把A中所有材料放入料理机中细细打碎，放入锅中。加入B中材料，小火加热。沸腾后加入面包糠，待水蒸干后加入橙皮细屑，倒入平底方盘中冷却。
3. 轻轻撒上面粉（配方用量外），把步骤1的面团放在桌面上，用擀面杖擀成24张长8厘米、宽6厘米的面皮。在面皮的一端轻轻放上一小把步骤2制作的馅料，从靠近身体的一端开始卷起，用手把两端压实封严，用叉子按压封口处。
4. 放入预热至180℃的烤箱中烘烤约15分钟，直至表面轻微变色。在表面刷上意大利胭脂虫红利口酒，撒上细砂糖即可。

白葡萄酒小甜甜圈

CIAMBELLINE AL VINO BIANCO

浓郁白葡萄酒风味酥脆曲奇

种类：意式饼干　　　场景：居家零食、甜品店点心

这款甜点在罗马东南部的罗马城堡很有名，被称为“ubriachelle（醉酒的）”，通常在正餐后佐以葡萄酒食用。罗马城堡是位于阿尔巴诺丘陵地带的14个小镇的总称，其中之一是著名的白葡萄酒产地弗拉斯卡蒂，这大概就是当地大量制作白葡萄酒小甜甜圈的原因吧。虽然被划分到拉齐奥大区（首府罗马），但是白葡萄酒小甜甜圈其实也是阿布鲁佐大区和翁布里亚大区的乡土点心。

制作这款甜点的材料十分简单，用家里现成的材料就能轻松制作，是标准的居家零食。不添加黄油、鸡蛋，只用葡萄酒来黏合面团，所以它的特点是口感酥脆轻薄。罗马街头的甜品店里也有加入榛子或茴芹籽的种类。

这道食谱由居住在西西里岛特拉帕尼省的卡罗琳娜提供。她的母亲是托斯卡纳人，这款甜点是她母亲从一个罗马朋友那儿学到的。材料分量的单位不是克，全部用玻璃杯来计量。“葡萄酒、细砂糖、橄榄油的分量差不多相同。然后加入3倍左右的面粉……接着就凭手感来做啦！”她一边这样说，一边把材料逐一放入玻璃杯中。

在东方国家，甜点一般都是按照食谱来制作的，可是意大利甜点却并非如此，往往是靠目测和手感来制作。而且令人惊讶的是，这样做出来的甜点还非常好吃。甜点制作和烹饪一样，都是跟着感觉走，真是太符合意大利的风格了。

能够轻松制成的居家零食对于来客众多的意大利家庭来说必不可少。客人来访时，人们可以用手工制作的甜点和咖啡来招待客人，一起享受聊天的过程，这就是意大利风格的待客之道。

白葡萄酒小甜甜圈

材料

低筋面粉……150克
细砂糖……40克
泡打粉……5克
白葡萄酒……50毫升
橄榄油……50毫升
盐……1小撮

做法

1. 把低筋面粉、泡打粉、细砂糖倒入碗中，轻轻搅拌，在中间挖一个凹陷。加入白葡萄酒、橄榄油、盐，揉至表面光滑，包上保鲜膜后放入冰箱冷藏室醒30分钟。
2. 取一部分面团，搓成1厘米粗、10厘米长的条状。把两端连接形成环形，用手指轻压连接处。
3. 在平底方盘里撒上细砂糖（配方用量外），把步骤2制作的面圈放进盘里，使一面裹满细砂糖。摆在铺有烘焙纸的烤盘上，放入预热至180℃的烤箱中烘烤约15分钟即可。

罗马奶油夹心面包

MARITOZZO

鲜奶油满满的罗马早餐

种类：面包或发酵甜点　　场景：甜品店点心、酒吧或餐厅点心、面包店点心

往圆形或椭圆形的软面包中夹入满满的掼奶油，即制成罗马奶油夹心面包。这是罗马酒吧的橱窗里不可或缺的美食。

它的起源据说可以追溯到古罗马帝国时代。当时，妇女们用面粉、鸡蛋、橄榄油、盐、葡萄干和蜂蜜制作大型的面包，给终日在外劳作的丈夫当作营养餐。到中世纪，人们开始往面包中加入松子和糖渍果脯，面包的尺寸也变小了，在面包店中就可以买到。这是因为狂欢节结束后有一个斋戒期，名为四旬斋（期间禁止食用甜点），人们为了偷吃甜面包而改良了这种点心。所以据说在当时，这种面包被称为“四旬斋面包（quadragesimale）”。到了现代，传说有一名男子把戒指藏在这道甜点里送给未婚妻，所以它的名字变成了“maritozzo”，来源于意大利语单词“marito”，意为“丈夫”。

意大利的酒吧整日都很热闹，在早餐时间人尤其多。人们咀嚼着甜面包，佐以意式浓缩咖啡、卡布奇诺等，然后一边闲聊一边交流信息，这就是一天的开始。罗马奶油夹心面包对于地道的罗马人来说是早饭里必不可少的一部分，想到它的起源可以追溯到古罗马时代，让人不禁感叹意大利历史的深远悠久。

罗马奶油夹心面包

材料

A
- 低筋面粉……50克
- 细砂糖……5克
- 温水……50毫升
- 啤酒酵母……5克

B
- 马尼托巴面粉……200克
- 牛奶……35毫升
- 细砂糖……50克
- 黄油（常温软化）……40克
- 鸡蛋黄……1个
- 橙皮细屑……1/2个量

鸡蛋黄……1个
牛奶……10毫升
鲜奶油……200毫升
细砂糖……30克
糖粉（收尾用）……适量

做法

1. 准备A中材料。在小碗中以温水溶解啤酒酵母，然后添加低筋面粉、细砂糖，用勺子充分搅拌。放在温暖的环境下，醒约1小时，让面团发酵至2倍大。
2. 把B中的马尼托巴面粉、细砂糖、鸡蛋黄放入另一个碗中，用手搅拌，然后加入切成小块的常温软化的黄油和橙皮细屑。用手指搓捏搅拌，然后加入牛奶和步骤1制作的面团，揉至表面光滑。形成均匀整体后包上保鲜膜，放在温暖的地方发酵约4小时。
3. 把步骤2制作的面团分成8等份，每份做成长轴6厘米、短轴4厘米的椭圆形，摆在铺有烘焙纸的烤盘上。盖上湿布，发酵40～50分钟。
4. 牛奶和蛋黄混合后搅拌均匀，然后用刷子涂在步骤3制作的面团上，放入预热至180℃的烤箱中烘烤10～15分钟。
5. 把鲜奶油和细砂糖打发制成掼奶油。待步骤4烤的面包冷却后，在中间切一道口，用裱花袋挤出大量奶油夹在中间，最后撒上糖粉即可。

◆专栏 4

意大利各地区饼干比较

从小巧朴素的点心中窥见意大利。
不同的历史与风土，孕育出同一国家内部的巨大差异。

意式饼干是意大利的代表性烘焙点心。“Biscotti（意式饼干）”的字面意思是“烤两次的”，严格来说指的是像托斯卡纳的著名乡土甜点轻歌脆饼（→P.99）一样的饼干。但现在，在意大利所有像饼干一样的小型烘焙甜点全部都可以称为“意式饼干”。意式饼干最初是为了便于保存而制作的，所以大部分质地非常坚硬，习惯上常在甜葡萄酒或咖啡中浸泡后食用。它可以用于早餐、零食、餐后点心，是意大利人生活中不可或缺的点心。

意式饼干历史悠久，现有文字记录表明其历史可以追溯到古罗马时代，但无法确定形如今天的硬面包的甜点在当时是否也需要烘烤两次。到了中世纪盛期的十字军东征时代，为了方便长途远征时携带，人们创造出了小鱼面包干（→P.55）这样的经过两次烘烤的食物，这就是如今的意式饼干的雏形。

意式饼干大致可分成5类（以下用A～E对本文中出现的点心进行分类）。A：干饼干，口感干枯、质地坚硬。B：富含黄油或鸡蛋，口感柔软浓郁。C：酥脆轻薄的饼干。D：用硬面团包着馅烘烤的饼干。E：多见于南部和岛屿地区，以杏仁为基底、口感柔软的饼干。

本书中出现了许多的意式饼干，而意大利全国的饼干种类恐怕数不胜数。意大利南北狭长、依山傍海，气候条件因地而异，所以制作甜点的材料也有所不同。而且意大利是一些小型共和国所组成的集合体，所以各个地区的历史也大相径庭。正因此，意大利才诞生了多种多样的意式饼干，最有意思的是每一种饼干都有其诞生的故事。

北部

由中世纪望族萨伏依家族创造了一款味道浓郁的意式饼干，现在仍然以相同的名字（萨伏依饼干 / B→P.10）存在。意大利北部之所以有许多种意式饼干，据说是因为王室家庭经常用它们来搭配萨芭雍蛋酒酱（→P.10）、可可布丁（→P.12）等调羹点心。另外，山区制作的意式饼干也有独特之处，它们

（左起）用玉米粉制成的玉米饼干（A）/ 淑女之吻（B→P.6）的名字意思是“贵妇人的吻”，中间夹着巧克力。

大多是用榛子或玉米粉等材料制成的味道朴素的干饼干。从意式饼干也可以看到当时上流阶级与农民之间饮食习惯的差异。

散发榛子香气的瓦片饼干（B→P.16）。

中部

意大利中部的轻歌脆饼被认为是意式饼干的代名词。也许是因为毗邻生产杏仁的南部地区，所以有的饼干添加杏仁，也有很多的饼干用中部地区收获的核桃、果干馅料做夹心或内馅，令人感觉中部的自然资源要比北部更丰富。意大利中部也是白葡萄酒的产地，所以很多饼干还添加了白葡萄酒，代表就是白葡萄酒小甜甜圈（C→P.122）。这里还盛产橄榄油，所以人们也常用橄榄油作为饼干中的油脂。

（左上起横向）烘烤两次、口感坚硬的轻歌脆饼（A）/ 胭脂夹心饼内含坚果和面包糠馅 / 白葡萄酒小甜甜圈具有浓郁的白葡萄酒风味，口感酥脆。

南部、岛部

南部、岛部有许多意式饼干加入了大量坚果、果干和柑橘类水果皮，这些甜点就能让人联想到温暖气候所孕育的丰富食材。在岛屿地区有的饼干采用阿拉伯人带来的杏仁和芝麻，以及发现新大陆之后由西班牙传入的巧克力，都能让人感受到历史的发展。很多饼干都用猪背油制作，口感酥脆轻薄，这可能与炎热的气候有关。

（左上起横向）菱形提子饼干（C→P.200）含有满满的葡萄干 / 牛肉和巧克力馅的牛肉馅饺子饼干（D→P.168）/ 缤纷杏仁饼干（E→P.171）的面团是半生的湿润柔软状。

南部

SUD

温暖干燥地区特有的清爽甜点——使用橄榄油等特色食材

意大利南部全年阳光灿烂，气候温暖。平原地区橄榄田一望无际，树上则结满坚果；沿岸地区的果树被柑橘类果实拉弯了枝头。我们听到“意大利”时，脑海中浮现的可能就是这片地区的美景。

由于气候干燥，所以这里适宜种植硬质小麦，甜点也大多使用粗粒面粉。大多数甜点的油脂不用黄油，而用橄榄油和猪背油，使甜点避免了浓厚的乳制品口味，更能品尝到面粉本味的清淡口感。这或许也得益于温暖的气候。

那不勒斯拥有辉煌的历史，与皮埃蒙特的都灵、西西里岛的巴勒莫一起成为甜点文化尤为发达的城市，从发源于修道院的点心到外国传入的甜点，再到诞生于现代的创新甜点，各式各样的甜点应有尽有。相比之下，其他大区的甜点大多数都是以面粉、油脂、坚果、果干等为基础的朴素的田园风格家庭零食。

除本书介绍的四个大区外，意大利南部还有莫利塞大区和巴西利卡塔大区。这两个大区夹在坎帕尼亚大区和普利亚大区之间，点心也都受到了相邻大区的影响，大部分都很相似，缺乏独创性，因此本书割爱不讲，但是当地许多朴素的甜点确实深受本地人喜爱。

田园粗粮蛋糕

MIGLIACCIO DOLCE

源于乡村的狂欢节蛋糕

种类：馅饼糕点　　场景：居家零食、甜品店点心、庆典甜点

这款甜点盛产于那不勒斯近郊的城市，所以也被称为那不勒斯粗粮蛋糕（migliaccio napoletano）。这款蛋糕是为狂欢节最后一天的忏悔星期二而准备的，吃过后的第二天开始就进入斋戒期了，叫作“四旬斋”（→P.86）。

“Migliaccio”一名来源于“miglio”，意思是粟、稗子。粟、稗子过去在坎帕尼亚大区被广泛种植，曾是撑起农民一日三餐的食材之一。据说公元前，由拉丁语中被称为“migliaccium”的粟和稗子制成的面包就是这道点心的原型。到了中世纪时已经完全变成点心了，但它是起源于农民的点心，据说当时的配方中曾包含营养丰富、被视为完美食品的猪血。之后在18世纪，人们不再使用猪血，取而代之的是肉桂和细砂糖。

如今，这道甜点中加入了大量牛奶、里科塔奶酪、黄油等乳制品，即使没有猪血也仍然具有很高的营养价值。而且现在使用硬质小麦的粗粒粉来代替粟和稗子，不过除了牛奶煮熟的粗粒粉外不添加其他面粉，所以口感十分细腻。因为甜点水分多、质地湿润，所以口感比起蛋糕，可能更接近于布丁。

本食谱使用市面常见的粗粒面粉（semolina），但地道的做法应用更粗一些的粗粒粉（semolino）。

田园粗粮蛋糕

材料

粗粒面粉……50克

A

- 牛奶……125毫升
- 水……125毫升
- 黄油……20克
- 橙皮……1/4个量
- 盐……1小撮

里科塔奶酪……90克

全蛋……1个

细砂糖……65克

香草粉……少量

糖粉（收尾用）……适量

做法

1. 把A中所有材料放入锅中，中火加热并不断搅拌，沸腾后除去橙皮，加入粗粒面粉。小火煮4～5分钟，同时不断搅拌，煮干后倒入平底方盘里冷却。
2. 把鸡蛋和细砂糖放入碗中，用打蛋器打发至黏稠，然后加入香草粉、碾压过筛成泥的里科塔奶酪，充分搅拌。逐量加入步骤1处理的材料，用手持电动搅拌器搅拌至完全没有结块或颗粒。
3. 把步骤2制作的面糊倒入铺有烘焙纸的模具中，抹平表面。放入预热至180℃的烤箱中烘烤约1小时，冷却后撒上糖粉即可。

卡普里巧克力蛋糕

TORTA CAPRESE

无面粉巧克力蛋糕

种类：馅饼糕点　　场景：居家零食、甜品店点心、酒吧或餐厅点心

这道甜点来自卡普里岛，那是风景秀丽的阿马尔菲海岸边的一个小岛。卡普里岛是著名的度假胜地，到了夏季，世界各地的人都到这里来享受美丽的大海和风景。

卡普里巧克力蛋糕不仅见于卡普里岛，以阿马尔菲海岸为中心的整个坎帕尼亚大区都有制作。杏仁和巧克力带来的湿润口感是其最明显的特征，与其外侧酥脆的口感形成鲜明对比，甚是有趣。橙香味也让人联想到温暖的意大利亚南部风景。而且它不含面粉，所以对麸质过敏患者也很有吸引力。

卡普里巧克力蛋糕在移居美国的意大利人中广受热议，并且现在在日本的意大利餐厅也成为堪称标配的甜点。

卡普里巧克力蛋糕

材料

杏仁粉……125克
黑巧克力……85克
黄油（常温软化）……85克
鸡蛋黄……2个
鸡蛋清……2个量
细砂糖……85克
橙皮细屑……1/2个量
糖粉（收尾用）……适量

做法

1. 把切碎的黑巧克力和常温软化的黄油一起放入碗中，隔水加热至化开。
2. 把蛋黄和70克细砂糖放入另一个碗中，用打蛋器打发至白色黏稠，加入橙皮细屑和步骤1的材料，进一步充分搅拌。加入杏仁粉，用刮刀搅拌均匀。
3. 再另取一个碗，把鸡蛋清放入该碗中，分两次加入剩余的细砂糖，并用打蛋器打至八成发。
4. 把步骤3处理的材料分两次加入步骤2的碗中，同时用刮刀轻轻搅拌，注意不要消泡。
5. 把步骤4处理的材料倒入铺有烘焙纸的模具中，放入预热至180℃的烤箱中烘烤30～35分钟。冷却后撒上糖粉即可。

奶酪夹心千层酥

SFOGLIATELLA

阿马尔菲海岸修道院制作的小馅饼

种类：烘焙甜点　　场景：甜品店点心

这是一款贝壳形的小馅饼，在那不勒斯（坎帕尼亚大区首府）的街头散步时随处可见。猪背油为面团带来的独特松脆口感，以及里面的奶油散发出的香甜醇厚气味，使这道甜点深得那不勒斯人的喜爱。

光看材料，这款甜点看起来简单，但做起来却很难。把面皮擀得薄薄长长的，涂上满满的猪背油，然后从一端卷起。面皮要擀多薄、拉多长，取决于表面要做多少层。

这款甜点今天成为著名的那不勒斯甜点，但据说它最早发祥于17世纪的阿马尔菲海岸的圣罗莎修道院。后来在19世纪，持有原始配方的唯一一位阿马尔菲甜点师开始在那不勒斯制作这种甜点，在那里大受好评。这款奶酪夹心千层酥有两种类型，一种是上述修道院制作的原型，有多层饼皮，叫作“ricci（卷曲型）”；另一种是把奶油夹在柔软的挞皮之间，叫作“frolla（油酥型）”。

奶酪夹心千层酥

材料

面团

- 马尼托巴面粉……200克
- 蜂蜜……16克
- 水……75克
- 盐……1小撮
- 猪背油……100克

馅料

- 粗粒面粉……60克
- 盐……1克
- 水……190毫升

A

- 里科塔奶酪……60克
- 全蛋……1/2个
- 糖粉……50克
- 糖渍香橙果脯……20克
- 糖渍柠檬果脯……20克
- 肉桂粉……少量
- 香草粉……少量

糖粉（收尾用）……适量

做法

1. 制作面团。把马尼托巴面粉放入碗中，在中间挖一个凹陷，加入分量内的水、蜂蜜、盐后揉成面团，放入冰箱冷藏室醒3小时。
2. 把步骤1的面团用面条机压至1毫米的厚度，在表面用手涂抹大量的猪背油。从其中一头卷起，包上保鲜膜，醒一夜。
3. 准备馅料。把分量内的水用锅煮沸，加入粗粒面粉、盐。在加热的同时用打蛋器搅拌，煮至面粉不粘锅底时，倒入平底方盘中，静置冷却。
4. 加入A中所有材料（将果脯事先切碎），搅拌至完全无结块或颗粒。
5. 成形。把步骤2制作的面皮切成1厘米宽，共切12条。用两手轻轻涂上猪背油（配方用量外），双手握住一条，用大拇指从圆心向边缘旋转，压薄推开呈圆锥形状。
6. 加入步骤4的馅料，按压封闭边缘。放在铺有烘焙纸的烤盘上，放入预热至220℃的烤箱中烘烤约15分钟，冷却后撒上糖粉即可。

奶酪麦粒格纹挞

PASTIERA

加入麦粒的复活节里科塔馅饼

种类：馅饼糕点　　场景：居家零食、甜品店点心、庆典甜点

意大利全国有许多复活节点心，而说到那不勒斯的复活节就不得不提奶酪麦粒格纹挞。它的起源众说纷纭，而地道的那不勒斯人最钟爱的传说是美人鱼帕耳忒诺珀的故事。春天，人鱼在那不勒斯湾用甜美的声音歌唱，人们送给她7份礼物：小麦粉、里科塔奶酪、鸡蛋、用牛奶煮熟的小麦、橙花水、香料和细砂糖。美人鱼开心地收下了礼物，并制作了这种方格花纹的、加入小麦的里科塔馅饼。当然这只是一个传说，最有说服力的说法是这款甜点实际其实是那不勒斯的修道院制作创造的。

制作奶酪麦粒格纹挞所用的小麦是硬质小麦。顾名思义，这种小麦质地坚硬，在煮之前需要在水中浸泡3天，煮熟后就成了熟麦粒。意大利许多超市的货架上都摆着瓶装或罐装的煮熟的硬质小麦，用这些商品就可以在家里轻松制作这种甜点。但是如果想要享受麦粒在口中爆开的口感，那只能自己动手煮小麦。奶酪麦粒格纹挞里不可或缺的橙花水与象征春天到来的复活节十分搭配，给挞增添了甜美华丽的芳香。

奶酪麦粒格纹挞

材料

基础挞皮（→P.210）……150克
熟麦粒（grano cotto）……100克
牛奶……125毫升
A
- 柠檬皮细屑……1/4个量
- 肉桂粉……1克
- 细砂糖……10克
- 盐……1克

里科塔奶酪……100克
B
- 细砂糖……25克
- 橙花水……少量
- 糖渍香橼果脯……15克
- 糖渍香橙果脯……15克

全蛋……1个

做法

1. 把牛奶倒入锅中煮沸，加入熟麦粒和A中所有材料，小火煮约10分钟。待熟麦粒将牛奶完全吸收后，倒入平底方盘中冷却。
2. 把里科塔奶酪碾压过筛成泥，和B中材料一起放入碗中。用打蛋器充分搅拌，加入鸡蛋后搅拌均匀。然后加入步骤1煮熟的麦粒，用刮刀拌匀。
3. 在模具内涂上黄油、撒上面粉（皆为配方用量外），用擀面杖把基础挞皮擀成圆形，铺入模具中，然后倒入步骤2处理的材料，把表面抹平。把剩余的挞皮切成约1厘米宽的带状，放在表面，做成格纹装饰。
4. 放入预热至180℃的烤箱中烘烤40～50分钟即可。

橙花水（aroma fior d’arancio）在意大利普通的超市即可买到。

硬质小麦煮成的熟麦粒。瓶子如此之大，好似在暗示意大利人制作的蛋糕尺寸。

柠檬小蛋糕

DELIZIA AL LIMONE

处处散发柠檬香气的蛋糕

种类：湿点心　　场景：甜品店点心、酒吧或餐厅点心

柠檬小蛋糕是坎帕尼亚大区苏莲托地区的甜点。苏莲托半岛因阿马尔菲和波西塔诺等度假胜地而闻名，同时也是柠檬和长得像巨大糙皮柠檬的香橼名产地。我沿着弯曲的海岸线驾车兜风时，看到了装在篮子里的当地生产的柠檬，旁边还有一个手写的牌子——“苏莲托的柠檬”。定睛一看，晒得黑黑的、皱纹深深的农民伯伯正坐在一把小折叠椅上卖柠檬，卖的是汁水丰富、酸爽无比而又香气扑鼻的优质柠檬。

柠檬小蛋糕使用大量柠檬和另一种当地名产——乳制品制作，据说是由苏莲托厨师联盟原会长卡尔米涅·马尔祖伊洛年轻时创造的。他在担任厨师的酒店用当地特产的柠檬创造了这款甜点，并在聚会上向世人展示，广受好评。其弟阿方索就职于世界各地美食家云集的一家餐厅，这家餐厅随后也开始供应这款甜点，一下子流行开来。后来，阿马尔菲海岸的甜点师和厨师等开始竞相制作柠檬小蛋糕，在当地掀起潮流。甜品店自不用说，即便是作为餐馆里的餐后点心，也广受欢迎。

一眼看上去，这种蛋糕似乎只是一款毫无特别之处的圆顶形蛋糕，但它的制作方式却相当精巧。夹心奶油是用三种奶油混合而成的，最后还要加入牛奶来制作涂层用的奶油，所以这款小蛋糕总共需要四种奶油。为了使海绵蛋糕坯、奶油等任何一处都散发柠檬风味，蛋糕各处都加入了柠檬皮或柠檬甜酒。

阿马尔菲海岸城市有一座位于悬崖上的酒店，从酒店露台可以眺望美丽的蔚蓝大海。在阳光明媚的午后，搭配冷藏的白葡萄酒享用柠檬小蛋糕，吹着微风悠闲打发时间。这是享受假期的最佳方式。

与左边的柠檬相比，可知香橼多么巨大。可食用部位是白色的棉状部分。

柠檬小蛋糕

材料

海绵蛋糕坯

- 全蛋（常温解冻）……200克
- 鸡蛋黄……20克
- 细砂糖……120克
- 低筋面粉……60克
- 玉米淀粉……60克
- 柠檬皮细屑……10克

海绵蛋糕坯用糖浆

- 水……100毫升
- 细砂糖……35毫升
- 柠檬甜酒……20毫升

柠檬黄油酱（A）

- 鸡蛋黄……70克
- 细砂糖……70克
- 黄油（常温软化）……70克
- 柠檬汁……70毫升
- 柠檬皮细屑……1/2个量

柠檬卡仕达酱（B）

- 牛奶……175毫升
- 鲜奶油……75毫升
- 鸡蛋黄……90克
- 细砂糖……75克
- 玉米淀粉……18克
- 柠檬皮细屑……1个量

夹心奶油（C）

- 鲜奶油……200毫升
- 细砂糖……20克
- 柠檬甜酒……20毫升
- 柠檬黄油酱（A）……全量
- 柠檬卡仕达酱（B）……全量

涂层奶油

- 夹心奶油（C）……400克
- 牛奶（冷藏备用）……200毫升

掼奶油、柠檬皮细丝（装饰用）……适量

做法

制作海绵蛋糕坯和糖浆

1. 参考P.210的方法制作海绵蛋糕坯，但需要在步骤1中额外加入鸡蛋黄，在步骤2中添加玉米淀粉和柠檬皮细屑，不添加马铃薯淀粉。倒入涂有一薄层黄油（配方用量外）的圆顶形模具中，放入预热至170℃的烤箱中烘烤25～30分钟，放置冷却。
2. 制作糖浆。把分量内的水和细砂糖放入锅中，小火加热并搅拌。细砂糖化开后从灶上取下，加入柠檬甜酒搅拌。

制作柠檬黄油酱

3. 把鸡蛋黄、细砂糖放入耐热碗中，用打蛋器搅拌。
4. 把柠檬汁倒入锅中，中火加热至即将沸腾时倒入步骤3的碗中，用打蛋器充分搅拌。倒回锅中，中火加热，同时用刮刀搅拌。加热至80℃时转移到碗中，冷却到40℃后，加入常温软化的黄油和柠檬皮细屑，用手持电动搅拌器搅拌。待表面光滑后在奶油表面直接盖上保鲜膜，放入冰箱冷藏室。

制作柠檬卡仕达酱

5. 把鸡蛋黄和细砂糖放入耐热碗中，用打蛋器充分搅拌，加入玉米淀粉后进一步搅拌。
6. 把牛奶和鲜奶油放入锅中，小火加热至即将沸腾时，倒入步骤5处理的材料中，迅速搅拌混合，然后倒回锅内。中火加热，并用刮刀搅拌。加热至85℃时从灶上取下，加入柠檬皮细屑，倒入平底方盘中。在奶油表面直接盖上保鲜膜，放入冰箱冷藏室。

制作夹心奶油

7. 把鲜奶油和细砂糖放入碗中，用手持电动搅拌器打至八成发。
8. 把柠檬卡仕达酱放入另一个碗中，用刮刀搅拌至柔软，加入柠檬甜酒，用打蛋器搅拌至表面光滑。然后按顺序加入柠檬黄油酱和步骤7打发的奶油，每添加一次材料都搅拌至表面光滑。
9. 在碗中留下400克夹心奶油用作涂层，其余的填入装有直径1厘米裱花嘴的裱花袋中。

收尾

10. 把步骤1制作的蛋糕坯从模具中取出，用裱花嘴在蛋糕坯底部的中央轻轻钻一个孔，挤入步骤9的奶油。
11. 用刷子把步骤2的糖浆涂在整个蛋糕表面，放入冰箱冷藏室冷藏1小时以上。
12. 制作涂层奶油（在即将使用前制作）。把冷牛奶逐量加入步骤9中的备用奶油里，每次都用打蛋器充分搅拌，稀释至表面光滑。
13. 把步骤11的圆顶形部分朝下浸入步骤12的奶油中，底部也涂上奶油（即整个蛋糕都涂满奶油）后取出。把装饰用的掼奶油放入裱花袋中，制作裱花装饰，然后用柠檬皮细丝做装饰，最后放入冰箱冷藏室，静置6小时即可。

圣约瑟油炸泡芙

ZEPPOLE DI SAN GIUSEPPE

庆祝基督教父亲节的油炸泡芙

◆ ◆ ◆ ◆ ◆ ◆ ◆ ◆ ◆ ◆ ◆ ◆ ◆ ◆ ◆ ◆ ◆ ◆ ◆ ◆

种类：油炸甜点面包或发酵甜点

场景：居家零食、甜品店点心、庆典甜点

圣约瑟是基督之父。他曾是木匠，传说他在逃到埃及时被神授予经营油炸食品的职业，于是成了“油炸食品店的主保圣人”，由此意大利人得以在这一天吃到油炸甜点。

泡芙面糊油炸后盖上满满的卡仕达酱，即成圣约瑟油炸泡芙，再点缀以阿玛蕾娜野樱桃（一种酸樱桃）制成的糖渍果脯。近年来由于人们注重健康，不少人将这种甜点由油炸改为烘烤。

圣约瑟油炸泡芙

材料

基础泡芙面糊（→P.211）……全量

基础卡仕达酱（→P.211）……全量

色拉油（油炸用）……适量

糖粉（收尾用）……适量

糖渍阿玛蕾娜野樱桃（装饰用）……适量

做法

1. 把泡芙面糊放入装有锯齿状裱花嘴的裱花袋中，在裁成10厘米见方的烘焙纸上挤出直径7厘米的圆形。以相同的方法制作10个。
2. 把烘焙纸上的泡芙面糊逐个放入加热到200℃的色拉油中，炸至金黄。捞起除去油分，冷却后撒上糖粉。
3. 把卡仕达酱放入裱花袋中挤出裱花，并用糖渍阿玛蕾娜野樱桃装饰即可。

法布芮（Fabbri）公司的明星产品——糖渍阿玛蕾娜野樱桃。在意大利的超市可以买到，国内可以通过网上旗舰店购买。

朗姆巴巴

BABÀ

从波兰到法国，再到那不勒斯

种类：面包或发酵甜点　　场景：甜品店点心、酒吧或餐厅点心

说起朗姆巴巴，不少人都以为它诞生于那不勒斯，但实际上它是波兰国王斯坦尼斯瓦夫一世在18世纪初构思出的甜点。国王最喜欢奶油圆蛋糕（kugelhopf），当时这种蛋糕都用马德拉酱搭配着吃。有一天国王突发奇想："要是把它泡在利口酒里，不就更加美味了吗?"朗姆巴巴由此诞生。据说国王以他最爱的书《一千零一夜》中最喜欢的《阿里巴巴和四十大盗》的主人公的名字为原型，把这款甜点命名为"巴巴"。

1738年，朗姆巴巴通过王室联姻传入法国。后来在19世纪，法国从欧洲各地引入各种菜肴，饮食文化蓬勃发展，贵族雇佣的能干厨师甚至被尊称为"大人（monsieur）"。当时的那不勒斯深受法国影响，开办了法国人经营的烹饪学校，朗姆巴巴借此传入，也受到了那不勒斯贵族的喜爱。

当时的朗姆巴巴用大型的甜甜圈模具烘烤而成，外层涂上杏子酱，凸显光泽，顶部抹上卡仕达酱和鲜奶油，再用水果装饰，并且佐以马尔萨拉风味的萨芭雍蛋酒酱（→P.10）作为调味酱料，可谓十分豪华。

现在的朗姆巴巴则用小型模具烘烤，虽然制作流程简化，但味道仍与过去一样甜。推荐搭配那不勒斯的偏浓意式浓缩咖啡享用。

朗姆巴巴

材料

马尼托巴面粉……200克
啤酒酵母……10克
全蛋……4个
细砂糖……10克
盐……4克
黄油（常温软化）……60克
糖浆
- 水……700毫升
- 细砂糖……280克
- 朗姆酒……120毫升

掼奶油（装饰用）……适量

做法

1. 把马尼托巴面粉和啤酒酵母捣碎放入碗中，逐个加入鸡蛋，每次都用打蛋器搅拌。加入细砂糖和盐，每次都充分搅拌，然后逐量加入常温软化的黄油，同时用手持电动搅拌器搅拌至表面光滑。
2. 移入较大的碗中，包上保鲜膜，放在温暖的环境下发酵至2倍大。
3. 用手轻压面团排气，然后分成八等份，放入模具中，填入面团的高度约为模具高度的一半。放在温暖的地方发酵至模具大小的约九成大。
4. 放入预热至200℃的烤箱中烘烤15～20分钟。
5. 制作糖浆。把分量内的水倒入锅中，中火加热，然后加入细砂糖溶解。放置冷却，加入朗姆酒搅拌混合。
6. 等步骤4烤好的产物冷却至手能触碰的温度后，放入步骤5的糖浆中浸泡一晚，使其彻底入味。然后按照自己的喜好用掼奶油装饰即可。

帕罗佐巧克力蛋糕

PARROZZO

巧克力涂层杏仁蛋糕

种类：烘焙甜点　　场景：甜品店点心

这款甜点原型是当地农民制作的玉米粉面包。面团用玉米粉和劣质杂粮制成，在柴火窑中烤至微焦。切面是黄色的，因为当时磨成白色的小麦粉是上等面粉，所以这种农民的甜点就被称为“粗野面包（pane rozzo）”。

阿布鲁佐大区佩斯卡拉的甜点师路易吉·达米科突发奇想：能不能想办法把这种粗野的面包变成高级的甜点呢？于是他进行改良，玉米粉粗糙的口感用磨成粉的杏仁来代替，烤焦的黑色则用巧克力涂层来代替。至于这个点心该叫什么名字，他咨询了自家店里的客人、诗人加布里埃尔·邓南遮，诗人提议：“把‘pane rozzo’省略为‘parrozzo’怎么样？”就这样，现代版的“不粗野的粗野面包”诞生了。后来，达米科在1926年注册了商标，现在作为大型生产商仍在继续生产帕罗佐巧克力蛋糕。

帕罗佐巧克力蛋糕尝一口就能品味到杏仁和橙子的芳香，十分豪华，美味到令人无法相信它的原型是“粗野面包”。其口感和风味与黄油蛋糕和海绵蛋糕都不一样，是帕罗佐巧克力蛋糕独有的崭新体验。看上去很朴素，味道却非常丰富，但帕罗佐巧克力蛋糕在意大利也鲜有人知。一想到在不为人知的地方还隐藏着许多乡土点心，我就不禁兴奋起来。

帕罗佐巧克力蛋糕

材料

A
- 去皮杏仁……25克
- 细砂糖……15克
- 盐……1克
- 橙皮细屑……1/4个量

B
- 马铃薯淀粉……20克
- 低筋面粉……20克

细砂糖……30克
黄油（融化）……25克
鸡蛋黄……3个
鸡蛋清……3个量
黑巧克力……100克

做法

1. 把A中所有材料放入料理机中，打成粉状。
2. 把鸡蛋黄和细砂糖放入碗中，用手持电动搅拌器打至黏稠。
3. 把步骤1打的粉、B中所有材料放入另一个碗中，用刮刀充分搅拌，依次加入步骤2制作的蛋糊、融化的黄油，每次加入时都需搅拌。
4. 把打至八成发的鸡蛋清加入步骤3的材料中，用刮刀轻轻搅拌，注意不能消泡。倒入涂有黄油、撒有低筋面粉（皆为配方用量外）的模具中，放入预热至180℃的烤箱中烘烤35～40分钟后冷却。
5. 把黑巧克力切碎，隔水加热至化开，涂在步骤4烤好的蛋糕表面上即可。

花纹松饼

FERRATELLE

专用模具制作的意大利轻薄华夫饼

种类：烘焙甜点　　场景：居家零食

阿布鲁佐大区的传统居家零食——花纹松饼。制作方法十分简单，只需按顺序混合材料，然后把面团放入花纹松饼专用的模具中，一边翻转一边在火上烘烤即可。虽然步骤很简单，但火候却很难掌握，也正因此而富有乐趣。

我有一位朋友的老家在阿布鲁佐大区，这位朋友说花纹松饼有两种类型。一种面粉少、质地薄、口感脆，本书的食谱就是这种类型，使用扁平模具，把面团放在上面，然后盖上盖子并用力按压，接着烤至金黄即可。另一种加入了较多面粉和鸡蛋，类似稍软的华夫饼。这种类型的花纹松饼使用的是较厚的模具，把黏稠的面团放入模具后轻轻盖上盖子，烤至两面膨松。

据说花纹松饼的起源可以追溯到罗马帝国时代，当时被称为“crustulum（拉丁语‘饼干’）”，是一种材料几乎和今天的花纹松饼一样的饼干。直到8世纪，铁质模具才出现，也有人把家族纹章刻成松饼模具的花纹。

花纹松饼可以直接作为早餐或零食吃，也可以涂上果酱或能多益榛子巧克力酱（意大利人喜爱的榛子酱）食用。即便用同样的模具制作，做出的松饼厚度和口感也会大不相同，非常有趣。

花纹松饼模具有各种花纹。用得越多，油越渗入模具，越容易使用。

花纹松饼

材料

全蛋……2个
橄榄油……45毫升
细砂糖……45克
低筋面粉……140克
盐……2克
柠檬皮细屑……1/4个量
※需要用到花纹松饼专用模具

做法

1. 把鸡蛋、橄榄油、细砂糖放入碗中，用打蛋器充分搅拌。加入低筋面粉、盐、柠檬皮细屑，搅拌至表面光滑。
2. 加热模具，涂上橄榄油（配方用量外），把面团放在模具其中一面的中央，合上另一面，然后用中火烘烤两面，烤至金黄或焦黄即可。

莱切夹心小蛋糕

PASTICCIOTTO LECCESE

挞皮中夹入卡仕达酱的莱切经典甜点

种类：馅饼糕点　　场景：居家零食、甜品店点心

普利亚大区位于意大利东海岸的亚得里亚海边，素有“意大利的脚后跟”之称。在它的南部萨伦托地区，隐藏着一道经典糕点。

下面要讲的这个故事，准确来说是1745年在莱切以南25公里的加拉蒂纳市的一个名叫阿斯卡隆的甜品店里发生的。当时的店主安德里亚·阿斯卡隆为了挽救日益衰颓的生意，一直在寻找好办法。一天，他试着用多余的挞皮和卡仕达酱制作了小蛋糕（pasticcio）。当时没有制作小型点心的习惯，人们都把点心做得大大的，然后切开，所以小型点心作为商品并不受人们欢迎。于是他把尚温热的小蛋糕免费发放给来到店前教堂的人们，于是这款蛋糕的美味通过口口相传逐渐声名远扬，附近城市的市民也开始向店里发来订单。最终，小蛋糕的名声甚至传到了莱切市。此后，许多甜点师开始制作小蛋糕，使其成为莱切市的招牌甜点。

但是，也有文献表明罗马人自16世纪起就制作小蛋糕。在普利亚大区北部的福贾地区的文献中，小蛋糕见于1700年左右的记录。也许它是从罗马出发，经过福贾传到莱切，成为现在的莱切夹心小蛋糕的原型的吧？

莱切夹心小蛋糕是在猪背油制作的酥脆挞皮中挤入满满的卡仕达酱做成的。美味的关键在于短时间高温烘烤。这是因为如果长时间烘烤，卡仕达酱中的水分就会蒸发，蛋糕口感也变得干涩。现在也有一种小蛋糕，是往名为“fruttone”的杏仁巧克力馅饼中填入“cotognata（榅桲果酱）”制成的。

莱切夹心小蛋糕不是湿点心，保质期却只有一天。莱切人爱吃刚出炉的热腾腾的小蛋糕，它也是早餐必不可少的经典甜点。

莱切夹心小蛋糕

材料

低筋面粉……200克
泡打粉……2克
猪背油（或黄油）……100克
细砂糖……100克
香草粉……少量
柠檬皮细屑……1/4个量
鸡蛋黄……2个
基础卡仕达酱（→P.210）……120克

做法

1. 把低筋面粉和泡打粉倒入碗中，在中间挖一个凹陷，加入猪背油，用手搓揉混合。加入细砂糖、柠檬皮细屑、香草粉，进一步搅拌，再加入鸡蛋黄搅拌，形成均匀整体后放入冰箱冷藏室中醒1小时。
2. 把面团的一半用擀面杖擀至5毫米厚，切成12等份，放入涂有融化黄油、撒有低筋面粉（皆为配方用量外）的模具中。把卡仕达酱填入裱花袋中，在面团表面挤出满满一层。以相同方式把剩余的面团分为12等份，盖在卡仕达酱上。
3. 用手紧紧合上模具的边缘，放入预热至200℃的烤箱中烘烤10～15分钟即可。

意式小甜甜圈

TARALLI DOLCI

飞机餐常见的圆形零食

种类：烘焙甜点　　场景：居家零食、甜品店点心

说到普利亚大区就不得不提这款甜点！这是一种经典的小零食，如今在意大利各地超市都可以买到。

意式小甜甜圈的意文名词源有许多种说法，比如拉丁语的“torrère（烤焦）”、希腊语的“toros（圆的）”，不过它的形状都是一样的，通常是中央挖孔的圆形。

过去，农民们常围在柴火窑旁，一边用意式小甜甜圈当下酒菜吃，一边喝葡萄酒。这既是对客人的款待，也是友谊的证明。虽然意式小甜甜圈在普利亚大区很有名，但现在整个意大利南部都有制作，所以其确切的发祥地尚不清楚。那不勒斯的小甜甜圈要比普利亚的大一圈，面团里不用橄榄油，而用猪背油，还加入了胡椒和杏仁。普利亚的小甜甜圈更接近于面包或面包棒；而与之相对，那不勒斯的则更像饼干。

普利亚的小甜甜圈是把面团煮过一次后再烘烤而成的，所以有着独特的光滑外表。作为零食时有茴香味、辣椒味等各种各样的口味，甜味也是其中一种。但甜味的甜甜圈也仅略带甜味，所以用糖衣来增强甜味。糖衣的酥脆口感则是用热水溶解细砂糖后用打蛋器充分搅拌形成的。

意大利有句俗语叫作“以小甜甜圈和葡萄酒结尾（Finire a taralluccie vino）”，意味着冲突得到和平解决。意式小甜甜圈如此重要，在普利亚人的日常生活中必不可少。

意式小甜甜圈

材料

低筋面粉……160克
全蛋……1个
细砂糖……35克
橄榄油……15毫升
泡打粉……2克
香草粉……少量
糖衣
- 细砂糖……125克
- 水……25毫升
- 柠檬汁……数滴

做法

1. 把低筋面粉放入碗中，在中间挖一个凹陷，放入除糖衣以外的所有材料后揉面，放置30分钟。
2. 取步骤1制作的面团，搓成5毫米粗、10厘米长的条状，首尾连接成环形，放在布上。
3. 用沸水逐步煮至漂浮后捞起，再次放在布上，晾干。
4. 放在铺有烘焙纸的烤盘上，放入预热至180℃的烤箱中烘烤约10分钟。
5. 准备糖衣。把细砂糖和水放入锅中，中火加热，待细砂糖化开、熬干后从灶上取下。加入柠檬汁，用打蛋器搅拌至颜色变白。
6. 把步骤5制作的糖衣涂在步骤4烤好的小甜甜圈的一侧上，静置晾干即可。

普利亚救赎面包

SCARCELLA PUGLIESE

放入完整水煮蛋的大胆创新烘焙甜点

种类：烘焙甜点　　场景：居家零食、甜品店点心、庆典甜点

这是一种复活节甜点，见于整个普利亚大区，通常在复活节期间的早餐食用。

在普利亚大区北部的福贾，人们会给环形的烘焙甜点涂上白色的涂层，用小的卵形巧克力装饰。在当地方言中，“scarcella”的意思就是“环形”。据说是因为圆形能够带来好运，所以人们才在象征春天到来的复活节上制作这样的甜点。在其他地区，除了圆形以外，还有鸽子、篮子、绵羊等各种各样形状的面包，上面放一个水煮蛋，撒上彩色糖珠后烘烤。鸡蛋意味着重生，是复活节的象征，放水煮蛋的甜点也是卡拉布里亚大区和西西里大区常见的类型。“Scarcella”可译为“释放（原形为scarcerare）”，也有从原罪中解放的意思。

在泡打粉发明之前，人们制作面团时用铵盐作为膨松剂，现在制作普利亚救赎面包时也用它。除普利亚大区外，意大利南部的人们若想制作酥脆口感的点心，也常用铵盐，所以在当地超市可以轻松买到。需要注意的是，在烘烤过程中房里会充满氨味。当然，烘烤完成的点心里是不会残留这种气味的。

水煮蛋是吃掉还是不吃呢？正确的答案当然是吃掉。虽然鸡蛋是在煮完之后又放入烤箱中加热的，所以多少有点硬，但不管怎么说是早餐吃的点心，所以鸡蛋也是可以吃的。

不过，这种创意是多么的新颖啊。我真想为意大利人的想象力鼓掌。

南部常见的铵盐以小袋出售，用它制作的甜点口感与泡打粉大不一样。

普利亚救赎面包

材料

面团

- 低筋面粉……250克
- 细砂糖……65克
- 铵盐（或泡打粉）……4克
- 鸡蛋……1个
- 柠檬皮细屑……1/4个量
- 牛奶……25毫升
- 橄榄油……35毫升

带壳水煮蛋（装饰用）……2个

彩色糖珠（装饰用）……适量

做法

1. 把低筋面粉放入碗中，在中间挖一个凹陷，加入所有面团材料后揉面。
2. 把面团分成4等份，每一份都搓成2厘米粗、25厘米长的条状。每2条编成环，在接口处放1个水煮蛋，用彩色糖珠装饰。
3. 放入预热至180℃的烤箱中烘烤约30分钟即可。

修女酥胸

TETTE DELLE MONACHE

膨松的海绵蛋糕坯加上满满的卡仕达酱

◆◆◆◆◆◆◆◆◆◆◆◆◆◆◆◆◆◆◆

种类：烘焙甜点

场景：居家零食、甜品店点心

意文名字面意思是“修女的胸部”。它是著名的面包之都阿尔塔穆拉（普利亚大区）里的圣嘉勒堂的传统点心，据说是为了献给意大利面包店守护神圣阿加莎而创造的。发源于这座修道院的面包店今天仍在营业，在那里可以品尝到原汁原味的“修女酥胸”。制作的要点在于搅拌时不能弄破面团里鸡蛋清的气泡，挤出时要挤成浑圆而高高隆起的形状。

修女酥胸

材料

鸡蛋黄……2个

鸡蛋清……2个量

细砂糖……20克

低筋面粉……40克

柠檬皮细屑……1/4个量

基础卡仕达酱（→P.211）……100克

糖粉（收尾用）……适量

做法

1. 把鸡蛋黄和10克细砂糖倒入碗中，用打蛋器搅拌至黏稠，加入低筋面粉、柠檬皮细屑搅拌。
2. 把鸡蛋清放入另一个碗中，分数次加入剩余的细砂糖，同时打至八成发。
3. 取步骤2打发的鸡蛋清的一半，逐量加入到步骤1的碗中，每次都用刮刀轻轻搅拌，注意不能消泡。填入安装有圆形裱花嘴的裱花袋中，在铺有烘焙纸的烤盘上挤出10个浑圆隆起的形状。
4. 放入预热至170℃的烤箱中烘烤约15分钟。
5. 把卡仕达酱填入安装有直径1厘米的圆形裱花嘴的裱花袋中，在步骤4烘烤产物的底部钻一个洞，挤入卡仕达酱，最后撒上糖粉即可。

蜂蜜卷

CARTELLATE

象征基督圣光的圣诞油炸甜点

◆◆◆◆◆◆◆◆◆◆◆◆◆◆◆◆◆◆◆◆

种类：油炸甜点 / 面包或发酵甜点

场景：居家零食、甜品店点心、庆典甜点

它的意文名来源于希腊语“kartallos（尖顶篮子）”。普利亚大区首府巴里的近郊发现了一幅公元前11世纪的壁画，画中记载着与蜂蜜卷非常相似的甜点的做法，但不能确定是否就是蜂蜜卷。至于蜂蜜卷的形状，有人认为是象征基督脑后的圣光。

本食谱中使用易购买的蜂蜜，但在普利亚大区，也有不少家庭在表面浇上葡萄榨汁后熬成的“熬葡萄汁（vincotto）”。

蜂蜜卷

材料

面团

- 低筋面粉……240克
- 啤酒酵母……12克
- 温水……40毫升
- 橄榄油……50毫升
- 盐……2克
- 白葡萄酒……40毫升

色拉油（油炸用）……适量

蜂蜜……适量

彩色糖珠（装饰用）……适量

做法

1. 用温水溶解啤酒酵母。把所有的面团材料放入碗中，揉至表面光滑，然后放置在温暖的环境下发酵1小时。
2. 把面团放在铺有面粉（配方用量外）的桌面上，用擀面杖摊薄，然后用波浪纹的切面器切成5厘米宽、30厘米长的长方形，共计20片。
3. 沿着面片的长边，每隔3厘米用双手手指捏紧，形成若干个小空间。从一端卷起，把捏紧的地方相互贴近，做成玫瑰花的形状。
4. 放入加热至200℃的色拉油中炸至金黄，捞起沥去多余油分。
5. 把蜂蜜倒入锅中加热，融化后大量浇在步骤4炸好的甜点上，最后用彩色糖珠装饰即可。

坚果贴贴卷

PITTA'NCHIUSA

南意大利的肉桂卷

种类：烘焙甜点　　　场景：居家零食、甜品店点心、庆典甜点

这款甜点在卡拉布里亚大区的卡坦扎罗和克罗托内等地区被称为“pitta 'nchiusa”，在科森扎被称为“pitta 'impigliata”。有人认为“pitta”来自于希腊语中的“picta（佛卡夏面包）”，也有人认为来自法语中的“pita（弄碎）”。单词“'nchiusa”和“'impigliata”都是“粘连的”的意思，这个名字来源于制作过程中把面团粘在一起成形的步骤。

坚果贴贴卷的起源可以追溯到古希腊时代。按照当时的惯例，每年5月要向女神献上附装饰的圆形面包，到了基督教时期则变为向圣母玛利亚献上的贡品。人们在传承风俗的同时也不断向面包中加入新的材料，最终成为今天的形式。而在科森扎的圣焦万尼因菲奥雷，一场1728年举办的结婚典礼上，婚约公证人留下的资料中出现了这款甜点。由此可以得知，这款甜点曾被用于重要的庆典。今天的它则成了整个卡拉布里亚大区的圣诞节或复活节甜点。

坚果贴贴卷富含坚果、柑橘类水果和香料，是包含南意大利所有特产资源的烘焙甜点。

坚果贴贴卷

材料

面团

- 低筋面粉……250克
- 泡打粉……8克
- 盐……1小撮
- 全蛋……1个
- 橄榄油……50毫升
- 莫斯卡托白葡萄酒……25毫升
- 橙汁……25毫升
- 细砂糖……15克
- 肉桂粉……少量
- 橙皮细屑……1/4个量

馅料

- 葡萄干……100克
- 蜂蜜……125克
- 核桃……100克
- 松子……30克
- 丁香粉……1/4小匙
- 肉桂粉……1/4小匙
- 橙皮细屑……1/4个量
- 柠檬皮细屑……1/4个量
- 莫斯卡托白葡萄酒……50毫升

蛋液（收尾用）……1个

蜂蜜（收尾用）……适量

做法

1. 制作馅料。用温水（配方用量外）把葡萄干泡开，粗切碎。把所有馅料材料（将核桃和松子事先粗切碎）放入碗中搅拌，然后放置3～4小时使味道融和。
2. 制作面团。把低筋面粉和泡打粉倒入碗中，用手搅拌，在中间挖一个凹陷，然后放入其他面团材料，揉至表面光滑。
3. 把面团放在桌面上，分成8等份，其中一份用擀面杖擀成直径18厘米的圆形面皮。在模具中涂上黄油、撒上低筋面粉（皆为配方用量外），放入圆形面皮。
4. 把剩余的面团用擀面杖擀成长20厘米、宽7厘米的长方形面片，共计7片。把步骤1制作的馅料分成7等份，取1份涂在1张面片中央，然后把面片从下往上对折（边缘不用封口），然后一边按住，一边从一端卷成圆形花卷，放在步骤3的模具中央。
5. 用同样的方式制作剩下的6个花卷，把它们紧贴着步骤4的花卷摆放，围成一圈。提起最底下的圆形面皮的边缘，使其紧贴放在上面围成一圈的6个花卷，调整形状。
6. 用刷子在表面刷上蛋液，放入预热至180℃的烤箱中烘烤约40分钟。趁热立刻涂上隔水加热融化的蜂蜜即可。

十字杏仁无花果干

CROCETTE

囊括卡拉布里亚大区所有名产的圣诞点心

种类：杏仁糖点及其他甜点　　场景：居家零食、甜品店点心、庆典甜点

无花果干是代表卡拉布里亚大区的传统食材。其中，意大利北部科森扎的“丰产黄（Dottato）”品种尤为出名，还被登记在DOP（法定原产地标识）中，其美味程度令其他州的意大利人都叹服。

旧约中亚当和夏娃遮盖身体用的是无花果叶，从这一说法来看，无花果应该从很久以前就存在了。尚不清楚无花果究竟是何时以何种途径被带到卡拉布里亚大区的，不过它原产于阿拉伯南部地区，所以可能是几千年前腓尼基人从阿拉伯国家带来的。

有的无花果品种每年结两次果，“丰产黄”也是如此。第一次结的果叫作“fioroni”，它的收获时节是6月中旬至7月，果实呈紫色，适合直接食用。第二次结的果叫作“forniti”，收获时节为8月至9月，果肉呈白色，果皮较薄，适合加工成无花果干。

十字杏仁无花果干使用的是后者。无花果在夏天手工采摘，然后放在网上精心烘干。制作步骤很简单，但是从摘取无花果开始都是手工完成的，所以这款甜点还是挺费工夫。可能会有人觉得“不就是无花果干吗”，但试着尝一口，你会发现所有食材的风味都在口中爆发，作为甜点的完成度超乎想象，实在是令人惊讶。

无花果干在秋季制成，这时制作的十字杏仁无花果干，可以一直保存到圣诞节。在过去甜食非常珍贵的时代，甜味浓郁、能够干燥保存的水果是奢侈的美味。特意做成十字形，大概是因为要在圣诞节期间食用吧。一般在家里只需要用烤箱烘烤即可，但科森扎人会在烘烤后进一步把它蘸上糖浆，放在漂亮的盒子中作为特产出售。

十字杏仁无花果干

材料

无花果干……16个
带皮杏仁（或核桃）……16个
橙皮细屑……1/4个量
月桂叶……4片

做法

1. 用水冲洗无花果干，然后用厨房纸拭去水分。除去枝，用刀从底部刺入把无花果干对半切开（但顶部保留一小部分粘连）。
2. 在对半切开的两瓣果肉上，每边放上一个在180℃烤箱中烘烤过的杏仁，然后放上橙皮细屑。用同样方法再处理一个对半切开的无花果干，然后把这两个切开的无花果干叠放成十字形。
3. 再取2两个对半切开的无花果干，果肉部分朝下，如同盖子一样覆盖在步骤2叠放的两个果肉朝上的无花果干上，也叠放成十字形。
4. 按照以上步骤，用剩余的12个无花果干再做3个“十字”，共计4个。
5. 从上方用力按压，使叠放的无花果干紧密贴合，然后放入铺有烘焙纸的烤盘中，顶端放月桂叶。放入预热至180℃的烤箱中烘烤约10分钟即可。

✦专栏5

意大利修道院的历史和功能

阅读本书时，你或许会发现有许多“来自修道院”的点心。在中世纪盛期（11～13世纪），意大利各地的修道院竞相制作各种各样的点心。那么，为什么修道院会开始制作点心呢？让我们回顾一下历史。

在基督教中，修道院是修士祷告和共同生活的教会内部设施。男女分别在不同的建筑内生活，他们要把自己的一生都奉献给基督，所以不允许结婚。修士在意大利语中被称为“monaco”，词源是希腊语中的“monachos（独行者）”，他们到3世纪为止都独自在荒野上进行严格的修行。后来在4世纪左右的埃及，修道士遵从基督教的教义开始共同生活，并把据点命名为“monastero（修道院）”。

意大利第一家修道院据说是529年圣本尼迪克特建造的卡西诺山修道院。修道院的戒律很严格，以“祷告、工作”为宗旨，试图加深人们纯粹的信仰。修士修女们每天祷告4～5小时，劳动6～7小时（农活、学术等），其中两项就是甜点制作和草药研究。据说修道院甜点制作的起源是做弥撒时信徒食用的象征基督圣体的面包，以及在祭礼时吃的简单的点心等。当时的甜点是用小麦粉、鸡蛋、蜂蜜等修道院内可以筹集到的食材制成的简易食品，比如不甚费工夫制成的面包。另外，象征基督圣血的葡萄酒也是在修道院内种植、酿造而成的。修道院还从很久以前就开始研究草药的功效，院内也栽培草药。浸泡在葡萄酒或蒸馏酒中的药草作为药品，用来治疗巡礼者和民众的疾病。此外，修道院还制作草药茶和软膏，当时的修道院就相当于今天的药店和医院。甜点、利口酒等用草药制成的产品也卖给普通民众，其收入也是经营修道院的重要财源。

到了中世纪盛期，随着基督教权力逐渐强大，修道院的活动也日益兴隆。修道院作为大领主统治土地，用农民缴纳的小麦等谷物、葡萄、蜂蜜、鸡蛋制作甜点和面包。后来，1096年起的十字军远征为修道院甜点带来了巨大的改变。此前，人们只能在地中海贸易这一有限的范围内交易细砂糖、香料（肉桂、胡椒、肉豆蔻等）、柑橘类水果等商品，而十字军远征则把这些食材也从东方带来意大利。拥有巨大权力的基督教组织获得了这些珍稀昂贵的食材，用它们制作甜点，在圣诞节等重要的节日里献给主教、红衣主教等高位圣职者。

而在西西里岛，在9世纪的阿拉伯人统治下已经带来了这些食材，因此比意大利本土更早一步实现了甜点的发展。随着细砂糖、香料、柑橘类水果的普及，甜点的世界也逐渐变得丰富多彩。就这样，到中世纪盛期以后，甜点由修女们逐渐加以改良。甚至还发生过这样稀奇古怪的事：16世纪末，西西里岛的某个城镇的修女过于热衷于制作点心，而对宗教活动敷衍了事，导致点心制作被明令禁止。直到19世纪真正的甜品店诞生为止，甜点都是在修道院出售的。

现在，我们仍能在意大利各地品尝到经过1000多年的岁月磨炼而成的修道院利口酒等草药产品，并见识到修道院甜点的制作工艺。

（从上往下）巴勒莫的蒙雷阿莱大教堂的回廊／糖渍香橼果脯夹心饼干和杏仁打底小点心，来自诺托的修道院。

那不勒斯的名牌点心奶酪夹心千层酥（→P.134），来自阿马尔菲海岸的圣罗莎修道院。

用杏仁糖膏制成水果形状的杏仁面果（→P.192），来自巴勒莫的海军元帅圣母教堂。

含有大量坚果和糖渍果脯的黏糊糊的蜂蜜果脯糕（→P.96），是锡耶纳的圣诞甜点。

岛部
ISOLE

因外来民族统治，饮食文化起步较早。受阿拉伯人影响形成的独特甜点

西西里岛是意大利的岛屿中面积最大的岛，其次是撒丁岛。这里属于地中海气候，一年四季温暖宜人，多种植杏仁、开心果等坚果，以及橄榄、柑橘类和其他水果。这两座岛屿自古以来就是地中海贸易枢纽，历经众多民族统治，与意大利大陆地区独立发展，走过了它们自身独特的历史道路。因此，当地的很多甜点混杂了多种文化特征，风格奇特。特别是在9世纪阿拉伯人统治下，白糖和香料传入西西里岛，使甜点文化能够从较早的时期开始发展，其后制作甜点的技术由皇室和修道院不断改进。

这两座岛屿栽培的都是硬质小麦，尤其是西西里岛，这里自古以来就广泛种植硬质小麦，被称为“罗马帝国的谷仓”。由于当地牧羊，不少甜点都采用羊奶做的里科塔奶酪（乳清奶酪），这也是两座岛的一大特色。自古以来使用的甜味调料除蜂蜜外，还有熬葡萄汁（vincotto，撒丁岛叫“sapa”）、扇状仙人掌果实熬成的糖浆等。油脂则常用橄榄油、猪背油，还有用杏仁的油脂制作的杏仁糖点，这也是在大陆地区见不到的甜点文化。

这两个大区都在历史长河中形成了自己独特的语言，特别是撒丁岛的许多甜点仍然采用撒丁语命名，它们的发音也非常独特。

曼多瓦酥饼

SBRICIOLATA

口感酥松的酥碎蛋糕搭配里科塔奶油

种类：馅饼糕点　　场景：居家零食

曼多瓦酥饼是西西里岛西海岸马尔萨拉的著名特产，在酥碎蛋糕坯之间夹着满满的里科塔奶油。它的名字与伦巴第的“杏仁酥碎饼”（→P.22），都来源于动词“sbriciolare（粉碎、酥碎）”，描述的是制作酥碎蛋糕坯（crumb）的工序。

除部分地区外，几乎整个西西里岛都生产里科塔奶酪。牧羊文化是阿拉伯人带来的文化的一种，他们还大刀阔斧地改良了奶酪的制作工艺。“里科塔”的意思是“煮两次的”，里科塔奶酪就是把制作普通奶酪后剩下的乳清再次加热制成的。今天的里科塔奶酪与普通奶酪价格相同，但在过去，里科塔奶酪是为了最大限度节约食物、利用资源而制作的，是农民们制作甜点的好伙伴。

制作曼多瓦酥饼不需要发酵，也不需要用擀面杖，可以在短时间内轻松制成。所以人们常在家里制作这种蛋糕，而且每家的制作方法都不一样，但里科塔奶酪是否美味绝对是制作优质杏仁粒酥碎蛋糕的必要条件。不过，每家对里科塔奶酪的选择标准好像都不同。

刚出炉的杏仁粒酥碎蛋糕还有点温热，带有里科塔奶酪特有的松软口感和柔和味道。如果放进冰箱充分冷藏，则能品尝到里科塔奶酪的脆爽口感和柠檬的清爽风味。不同季节采用不同的吃法会更加美味，冬天可以稍微加热后搭配卡布奇诺，夏天则可以冷却后搭配马尔萨拉葡萄酒。

西西里岛的餐桌上摆出的一大块里科塔奶酪。按喜好切下一块，浇上蜂蜜，当作甜点食用。

曼多瓦酥饼

材料

低筋面粉……175克
细砂糖……100克
泡打粉……8克
黄油（冷冻）……80克
蛋液……1个量
基础里科塔奶油（→P.212）……180克
柠檬皮细屑……1/2个量
去皮杏仁……30克
糖粉（收尾用）……适量

做法

1. 把低筋面粉、细砂糖和泡打粉放入碗中混合。
2. 把切成1厘米见方的冷冻黄油放入步骤1的碗中，用指尖揉搓，以与面粉融合。加入搅匀的蛋液，用手掌轻轻揉搓成碎屑状。
3. 把步骤2制作的碎屑的一半撒在涂有黄油、撒有低筋面粉（皆为配方用量外）的模具中，把里科塔奶油与柠檬皮细屑混合后铺在上面，最后把剩下的碎屑撒在上面。
4. 撒上粗切碎的杏仁，放入预热至180℃的烤箱中烘烤约45分钟。冷却后撒上糖粉即可。

开心果蛋糕

TORTA AL PISTACCHIO

极致奢华的绿宝石开心果蛋糕

种类：馅饼糕点　　场景：居家零食、甜品店点心

布龙泰位于西西里岛埃特纳火山西北麓，是著名的开心果产地。埃特纳火山海拔高度为3323米，是一座活火山，至今仍频繁喷发。火山喷发产生的火山灰和熔岩土壤形成了肥沃的土地，给生活在这片地区的人们带来了众多恩惠。其中之一就是开心果。它薄薄的表皮呈深紫色，内部则是令人眼前一亮的鲜绿色。布龙泰产的开心果也被誉为“绿宝石”，这种开心果口感浓郁，风味上佳，不少人认为它是世界上排名第一的开心果品种。

为培育优质开心果，开心果的收获只能每两年进行一次，所以产量少、价格高。因此，开心果较少用于普通的甜点，更多用于制作婚礼、生日宴会等庆祝活动用的甜点。其代表就是开心果蛋糕。这款极致奢华的甜点中开心果粉含量约为低筋面粉的2倍，具有令人印象深刻的艳绿色，口感清爽而又浓郁，品尝后口中萦绕的都是开心果的独特风味。

布龙泰市的甜品店简直是绿色的海洋。橱窗内摆放着满满的开心果甜点，也算是这座城市独有的一道风景线。

勃朗特是著名的开心果，但它在西西里岛各地都有栽培。目前，它不仅用于开心果，还用于包装在糖果中的奶油和意式冰激凌，并且是西西里糖果必不可少的成分之一。

布龙泰的商店内，橱窗里摆放的小甜点上撒有满满的开心果粉。内有开心果酱夹心。

开心果蛋糕

材料

全蛋……2个
黄油（常温软化）……65克
细砂糖……70克
开心果粉……75克
低筋面粉……40克
泡打粉……4克

做法

1. 把常温软化的黄油和细砂糖放入碗中，用打蛋器充分搅拌，直至颜色发白。
2. 逐个加入鸡蛋，每次都用打蛋器充分搅拌。加入开心果粉、低筋面粉和泡打粉，用刮刀搅拌至无干粉。
3. 倒入涂有黄油、撒有低筋面粉（皆为配方用量外）的模具中。放入预热至180℃的烤箱中烘烤约30分钟，然后在表面撒上大量开心果粉（配方用量外）即可。

牛肉馅饺子饼干

'MPANATIGGHI

牛肉馅的甜饼干

种类：意式饼干　　场景：居家零食、甜品店点心

它是西西里岛东南部拉古萨省莫迪卡市的传统糕点。这里被誉为巴洛克艺术之都，被列入世界文化遗产。

莫迪卡以全意大利最早传入可可而闻名，传入时间是16世纪的西班牙王朝统治时期。即使在今天，这里也是一个因莫迪卡巧克力声名远扬的小镇，这种巧克力可可块和白砂糖是在低温下融化凝固制成的，特征是口感松脆、含有沙沙的糖粒。

"'Mpanatigghi"这个发音奇特的名字，可能来源于西班牙的一种有馅的半圆形卷饼——"empanadas（肉馅卷饼）"，馅料用的是碎牛肉。

莫迪卡有一种传统的肉牛品种，叫作莫迪卡牛。过去没有冰箱，肉类的保存是非常棘手的问题，于是人们开始尝试用可可和糖来保存肉类，结果发明了这种饼干。饼干里加入面粉、糖等碳水化合物，还有牛肉，可以补充脂肪和蛋白质，含量丰富的坚果更是富含维生素。这种营养均衡的食品非常适合农民们带到农场当作午餐。

今天，莫迪卡的每家甜品店（甜品店在意大利语中是"pasticeria"，但在莫迪卡被称为"dolceria"）里一定都有牛肉馅饺子饼干，非常适合做客时送礼，在当地很受欢迎。

牛肉馅饺子饼干

材料

面团

- 低筋面粉……250克
- 细砂糖……70克
- 猪背油……70克
- 全蛋……1个
- 鸡蛋黄……3个量
- 马尔萨拉葡萄酒……15毫升

馅料

- 碎牛肉……100克
- 去皮杏仁……100克
- 核桃……50克
- 黑巧克力……50克
- 肉桂粉……5克
- 丁香粉……2克

鸡蛋清……适量

做法

1. 制作面团。把低筋面粉倒入碗中，在中间挖一个凹陷，然后加入其余的面团材料后揉搓。揉至表面光滑后，包上保鲜膜，放在冰箱冷藏室中醒1小时。
2. 制作馅料。把碎肉放入锅中，用中火炒熟，水分炒干后，从灶上取下冷却。
3. 把杏仁、核桃、黑巧克力放入料理机中细细粉碎。
4. 把步骤2、步骤3的材料以及剩下的馅料材料放入碗中，用手揉握混合，直至形成均匀整体。
5. 把步骤1制作的面团放在桌面上，用擀面杖擀薄，用直径8厘米的圆形模具压出约30张面皮。
6. 取步骤4制作的馅料的一部分，搓成直径2厘米左右的球状，放在面皮中央。在边缘涂上鸡蛋清，对折，按压边缘粘紧。用波浪纹的切面器切割面皮边缘，用剪刀在表面划十字。
7. 摆在铺有烘焙纸的烤盘上，放入预热至180℃的烤箱中烘烤约20分钟即可。

女王饼干

BISCOTTI REGINA

撒满芝麻的“女王之饼”

◆◆◆◆◆◆◆◆◆◆◆◆◆◆◆◆◆◆◆◆

种类：意式饼干

场景：居家零食、甜品店点心、面包店点心

在西西里岛西部被称为“biscotti regina”或“reginelle”，在西西里岛东部叫作“sesamini”。普遍认为芝麻原产于非洲，是阿拉伯人在9世纪带到西西里岛的一种食材。有人认为，就是因为芝麻营养价值高，而且当时价格昂贵，所以这种饼干被称为“女王的饼干”。除了当作早餐、零食，还可以和马尔萨拉葡萄酒、潘泰莱里亚白葡萄酒、玛尔维萨葡萄酒搭配，在各种场景都很常见。

女王饼干

材料

低筋面粉……165克

细砂糖……50克

猪背油（或黄油）……60克

全蛋……1/2个

泡打粉……3克

柠檬皮细屑……1/3个量

牛奶……30毫升

白芝麻……40克

做法

1. 把除牛奶和白芝麻外的所有材料放入碗中，用手揉捏混合。形成均匀整体后，包上保鲜膜，放在冰箱冷藏室中醒1小时。
2. 将面团搓成1.5厘米粗的条状，按3厘米间隔切开。
3. 浸入牛奶，取出后在整个表面裹上白芝麻。摆在铺有烘焙纸的烤盘上，放入预热至180℃的烤箱中，烤15~20分钟，直到芝麻烤成轻微焦黄色即可。

缤纷杏仁饼干

BISCOTTI DI MANDORLE

不含面粉，口感湿润

◆◆◆◆◆◆◆◆◆◆◆◆◆◆◆◆◆◆◆

种类：意式饼干

场景：居家零食、甜品店点心

杏仁是西西里甜点的重要材料之一。这款缤纷杏仁饼干在西西里岛各地都有制作，由于不含面粉，因此不需要充分烘烤，口感柔软黏腻，非常独特。西西里岛的甜品店的橱窗里摆放着各种各样的杏仁饼干，光看着就赏心悦目；而且还可以长期保存，是理想的西西里旅行纪念品。糖的含量几乎与杏仁相同，所以甜味强烈，与苦味的意式浓缩咖啡甚是相配。

缤纷杏仁饼干

材料

杏仁粉……250克

鸡蛋清……2个量

细砂糖……200克

柠檬皮细屑……1/2个量

脱水樱桃、松子、糖粉等（装饰用）……适量

做法

1. 把除装饰外的所有材料放入碗中，用手揉捏混合。
2. 在手掌心轻轻蘸水，把面团搓成直径2厘米的小球，用脱水樱桃装饰。如果用松子装饰，则捏成椭球形，然后轻轻压扁。如果用糖粉装饰，则捏成椭球形，在中间用手指轻捏，在表面裹满糖粉。
3. 摆在铺有烘焙纸的烤盘上，放入预热至180℃的烤箱中烘烤10～12分钟，烤至浅褐色即可。

热那亚饼干

GENOVESE

粗粒面粉面团搭配丰富卡仕达酱

种类：烘焙甜点　　场景：甜品店点心

它是西西里岛西部的中世纪风格山中小镇——埃里切的著名甜点。它的意文名意思是“热那亚风格的”，过去常在埃里切周边的港口城市特拉帕尼和热那亚出售。这款甜点表面隆起，很有可能是模仿热那亚海军的帽子。

面团用粗粒面粉制作，所以口感松脆。奶油的蛋黄含量也比普通的卡仕达酱少，所以口感清淡。制作面团时铺上大量干面粉，就更容易做出柔软的面团。最好是烘烤后取出冷却约10分钟，撒上满满的糖粉，就可以趁热食用了。

埃里切最有名的特产是用杏仁制成的修道院甜点（下图），今天这里仍有一些甜品店出售修女制作的杏仁甜点。到埃里切去游玩的话，纪念品可以买修道院甜点，因为它们可以长期保存；而热腾腾的热那亚饼干还是在当地享用更好。

埃里切的一家名为“Maria Grammatico”的甜品店出售的修道院甜点。杏仁糖膏制作的甜点里加入了香橼果脯。

热那亚饼干

材料

面团

- 黄油（常温软化）……50克
- 细砂糖……50克
- 鸡蛋黄……1个
- 水……1大匙
- 粗粒面粉……65克
- 低筋面粉……65克

卡仕达酱

- 牛奶……125毫升
- 鸡蛋黄……1/2个
- 细砂糖……25克
- 柠檬皮细屑……1/4个量
- 玉米淀粉……10克

糖粉（收尾用）……适量

做法

1. 制作面团。把常温软化的黄油放入碗中，揉成发蜡状，加入细砂糖，用打蛋器搅拌至颜色变白。
2. 加入鸡蛋黄并充分搅拌，然后加入分量内的水，快速搅拌。
3. 把粗粒面粉和低筋面粉混合后加入步骤2的材料中，用刮刀搅拌后用手揉成均匀整体，包上保鲜膜放在冰箱冷藏室醒1小时。
4. 制作卡仕达酱。把鸡蛋黄、细砂糖和柠檬皮细屑放入锅中，用打蛋器充分搅拌。把玉米淀粉和半量的牛奶倒入碗中，用打蛋器充分搅拌，使淀粉溶解，再加入剩余的牛奶，充分搅拌。然后一边逐量倒入锅中，一边用打蛋器搅拌。
5. 把步骤4的锅用中火加热，同时不断搅拌，当底部开始变硬时转为小火。当锅底开始冒气泡时，从灶上取下。把锅内奶油转移到平底方盘中，表面包上保鲜膜，放置冷却。
6. 把步骤3制作的面团分成6等份，每份搓成球状，在桌面上撒粗粒面粉（配方用量外），然后用擀面杖把面团擀成长轴15厘米、短轴10厘米的椭圆形面片。
7. 把卡仕达酱分成6等份，用勺子分别盛放在每张面片的半边上。对折面片并用力按压边缘，使其封口牢固，然后用直径7厘米的圆形模具裁去边缘。
8. 放入预热至180℃的烤箱中烘烤约15分钟，烤至金黄色。冷却后撒上糖粉即可。

无花果泥环形酥

BUCCELLATO

填入满满无花果泥的圣诞甜点

种类：烘焙甜点　　场景：居家零食、甜品店点心

西西里岛深受阿拉伯文化影响。在西西里岛的乡村，几乎每家每户都在庭院里种着无花果，这也是阿拉伯人带来的植物。夏季成熟时收获，在庭院里晒干，用于制作圣诞甜点。所以，整个西西里岛有很多用无花果干制作的圣诞甜点，它们形状、名称各异，其中最华丽的一种大概就是无花果泥环形酥。

意文名“buccellato”听起来一点也不像意大利语，这个奇特的名字来源于古罗马帝国时代的中央挖孔的面包“buccellatum”。托斯卡纳大区的卢卡也有一种类似的填满果干的蛋糕，叫作“buccellato di Lucca（卢卡的buccellato）”，同样也是来源于古罗马的那种面包。在西西里岛，那种面包最终演变成填满无花果、柑橘类水果、杏仁、香料的甜点，这些食材都是由阿拉伯人于9世纪迁居于此时带来的。可以说，这种甜点是在阿拉伯人影响下才诞生的。在西西里岛首府巴勒莫市，装饰华丽的无花果泥环形酥一年四季都点缀着大大小小的甜品店。

无花果泥环形酥

材料

面团

- 低筋面粉……115克
- 粗粒面粉……50克
- 细砂糖……50克
- 猪背油……50克
- 香草粉……少量
- 泡打粉……3克
- 全蛋……1/2个
- 牛奶……25毫升

- 鸡蛋黄……适量
- 杏子酱……适量
- 坚果、糖渍果脯等（装饰用）……适量

馅料

- 无花果干……160克
- 葡萄干……15克
- 带皮杏仁……15克
- 核桃……15克
- 开心果……15克
- 糖渍香橙果脯……15克
- 黑巧克力……15克
- 橙皮细屑……1/4个量
- 肉桂粉……少量
- 丁香粉……少量
- 马尔萨拉葡萄酒……10毫升

做法

1. 制作馅料。把杏仁、核桃、开心果放入预热至180℃的烤箱中烘烤，然后粗切碎。把无花果干和葡萄干在沸水（配方用量外）中煮5分钟，沥干水分，然后放入料理机中打成糊状。把以上材料与剩余的馅料材料（将果脯和黑巧克力事先粗切碎）一起放入碗中混合，并用手抓握、挤压成均匀整体。
2. 制作面团。将所有面团材料放入碗中，揉至表面光滑，放入冰箱冷藏室醒1小时。
3. 把步骤1制作的馅料搓成3厘米粗、30厘米长的条状。
4. 把步骤2制作的面团放在桌面上，用擀面杖擀成5毫米厚、边长为30厘米的正方形面皮。把步骤3制作的馅料放在面皮中央，将面皮靠近自己的这边和另外一边向中央折叠，然后用手轻轻搓成约3厘米粗。把两端连接起来，做成环形，用手按压连接部位，使其粘牢。
5. 在表面斜着切出划痕，刷上搅匀的鸡蛋黄。放入预热至200℃的烤箱中烘烤约30分钟，冷却后涂上杏子酱，摆上装饰材料即可。

里面填充着满满的无花果泥。可以搭配马尔萨拉葡萄酒，作为餐后甜点食用。

圣约瑟海绵泡芙

SFINCIA DI SAN GIUSEPPE

拳头大的油炸泡芙，满满的里科塔奶油

种类：油炸甜点　　　场景：居家零食、甜品店点心、庆典甜点

3月19日是圣约瑟日，在西西里岛西部要吃这种油炸甜点。它在巴勒莫被称为“sfincia”，在特拉帕尼则叫作“sfincione”。这一天是基督的养父约瑟的纪念日，所以它也是意大利的父亲节。

“Sfincia（海绵泡芙）”这个名字来源于来自拉丁语单词“spongia”或阿拉伯语单词“isfang”，两者都是“海绵”的意思。实际上，现在阿拉伯世界仍有很多叫作“sfang”的油炸甜点，其中许多是蘸着蜂蜜食用的。而且，过去一讲到“海绵”，人们会想到的是海绵动物制成的用品，“海绵泡芙”一名也正是形容它凹凸多孔的形状和柔软的触感就像真正的海绵一般。

有人认为，海绵泡芙的原型是圣经和古兰经中出现的类似面包的食物，也有人认为是阿拉伯人或波斯人制作的蘸蜂蜜的食物。无论如何，这种原型后来在巴勒莫的修道院里逐渐演变，甜点师们更是不断改良，加入里科塔奶酪和香橙果脯，使它发展成今天的形式。

传说圣约瑟是一个富有怜悯之心的人，他把自己的面包分给穷人们共享。今天西西里岛西部等许多地区都会举办面包祭典（→P.87）。虽然叫面包祭典，但祭典上的面包并不是用来吃的，小麦、太阳、花朵的形状分别都有宗教上的意义，人们用它们来装饰祭坛，向神祈祷。

人们普遍认为，这一天之所以要吃油炸泡芙，是因为圣约瑟是油炸食品店的守护神，但我想也可能是因为油炸泡芙的原型本来就是类似于面包的食物。西西里岛居民信仰虔诚，这一天甜品店忙得不得了！人们为了购买油炸泡芙，在店里排起长龙。

面包祭典的祭坛。人们制作各种形状的面包来装饰祭坛：孔雀象征繁荣，花朵象征春季到来，小麦象征丰收。

圣约瑟海绵泡芙

材料

基础泡芙面糊（→P.211）
……1/2份
基础里科塔奶油（→P.212）
……整份
色拉油（油炸用）……适量
糖渍香橙果脯（装饰用）
……适量

做法

1. 把色拉油加热至170℃，用勺子舀起泡芙面糊，投入油中。炸至底部变硬后翻转过来，用叉子轻轻插裂。翻转使裂开的一面朝下，炸至金黄色，捞起除去多余油分。这一步骤共重复6次。
2. 冷却后，把里科塔奶油抹在开口处并压平。用糖渍香橙果脯装饰即可。

意式香炸奶酪卷

CANNOLO

香脆外皮搭配新鲜出炉的里科塔奶油

种类：油炸甜点　　场景：居家零食、甜品店点心、酒吧或餐厅点心、庆典甜点

过去炸这款甜点的筒状脆皮（scorza）时，要把面皮缠绕在芦苇秆（canna）上，因此得名。原本应该是狂欢节的甜点，但现在已经成为西西里岛的代表性甜点，名气丝毫不亚于西西里卡萨塔蛋糕（→P.184），而且全年有售。它是在穆斯林传统建筑中女性居住的闺阁里诞生的，后来在修道院中制作。

主打意式香炸奶酪卷的甜品店都有四个共同的特点。首先是对里科塔奶酪质量的追求。出名的甜品店大都不在城市，而是在农村，因为农村的里科塔奶酪更加美味。是做成光滑的奶油，还是营造粗糙的口感，这也很有讲究。

第二点是手工制作的筒状脆皮。如今市面上有现成的筒状外皮出售，但好的甜品店总是手工制作。要采用优质的面粉，厚度和油炸成色与奶油的平衡也很重要。

第三点是到临吃之前再填充里科塔奶油。好的甜品店为了防止筒状脆皮受潮，把未填奶油的脆皮卷放在橱窗中排成一列，直到顾客点单后再填入里科塔奶油。

最后一点是尺寸！好的甜品店做的意式香炸奶酪卷都特别大。这是因为只有用20厘米左右的大号意式香炸奶酪卷，才能满足西西里人的胃。

一般的模具尺寸多为13厘米和8厘米。更迷你尺寸称为“cannolicchio”。

意式香炸奶酪卷

材料

面团
- 低筋面粉……115克
- 细砂糖……15克
- 黄油……25克
- 可可粉……5克
- 马尔萨拉葡萄酒……20毫升
- 红葡萄酒……30毫升
- 盐……2克

基础里科塔奶油（→P.212）……150克
花生油（油炸用）……适量
脱水樱桃或糖渍香橙果脯（装饰用）……适量
糖粉（收尾用）……适量
※需要用到13厘米的筒状模具。

做法

1. 制作面团。把所有的面团材料放入碗中，揉至表面光滑。包上保鲜膜，放在冰箱冷藏室中醒2小时（若面团太硬，则适当加水调整）。
2. 把面团放在桌面上，用擀面杖擀成2毫米厚，用直径10厘米的圆形模具压出8张圆形面皮。
3. 把圆形面皮缠在筒状模具上，用力按压贴紧，直接放入加热至180℃的花生油中油炸。冷却后从模具上取下。
4. 食用前，把里科塔奶油装进裱花袋，从两端填入步骤3制作的筒状脆皮中。用脱水樱桃或糖渍香橙果脯装饰，并按照喜好撒上适量糖粉即可。

潘泰莱里亚之吻

BACI DI PANTELLERIA

潘泰莱里亚岛的传统花形甜点

种类：油炸甜点　　场景：居家零食、甜品店点心、酒吧或餐厅点心

潘泰莱里亚岛是西西里大区西南部的一座海上浮岛，靠近突尼斯。这座岛距突尼斯仅80公里，所以一到晚上就可以清楚地看到突尼斯海岸线上城市的灯光。这座岛还是一座火山岛，在岛上到处都是黑色的岩石，地热加热的温泉和洞窟中冒出的蒸汽形成了的天然的桑拿浴，整座岛就像是一个天然SPA馆。岛上文化受阿拉伯人影响甚深，阿拉伯风格的房屋（dammuso）现在仍随处可见。

意文名中的“baci”是“bacio”的复数形式，意为“接吻”。之所以叫这个名字，大概是因为用了两片油炸面皮来包裹里科塔奶油吧。制作它需要特殊的模具，但只要有了模具，剩下的就很简单了。在潘泰莱里亚的许多家庭都常备这种模具，平常当作零食来制作，但这款甜点在岛上的甜品店、酒吧和餐厅都非常受欢迎，基本没有哪家店不卖。

说到潘泰莱里亚，就不得不提栽培方法已被列为世界遗产的泽比波（Zibibbo）葡萄，以及用这种葡萄酿制的有名的甜葡萄酒——潘泰莱里亚帕赛托葡萄酒（passito di Pantelleria）。这是一种在酿造过程中加入葡萄干的葡萄酒，具有令人愉快的杏子、桃子的果香，是一种餐后甜酒。潘泰莱里亚之吻要与这种潘泰莱里亚帕赛托葡萄酒搭配，这才是当地正宗的吃法。

模具也有星形和三角形等其他形状的，但最流行的还是花形。把蘸有面糊的模具放入油中时，面糊就会自然脱落。

潘泰莱里亚之吻

材料

牛奶……200毫升
低筋面粉……150克
全蛋……1个
盐……3克
基础里科塔奶油（→P.212）……150克
色拉油（油炸用）……适量
糖粉（收尾用）……适量
※需要用到专用模具。

做法

1. 把牛奶、鸡蛋、低筋面粉和盐倒入碗中，用打蛋器充分搅拌，直到完全没有结块或颗粒。
2. 把模具放入加热到180℃的色拉油中加热，然后浸入步骤1制作的面糊中，再马上放入油中炸成金黄色，捞出除去多余油分。用同样的方法制作共16块油炸面皮。
3. 每两块组成一组，在其中一块表面涂上里科塔奶油，盖上另一块，最后撒上糖粉即可。

蜂蜜油炸小松果

PIGNOLATA

蘸满蜂蜜的小松果散发着马尔萨拉葡萄酒香

种类：油炸甜点　　　场景：居家零食、庆典甜点

蜂蜜油炸小松果是狂欢节和圣诞节期间制作的油炸甜点。西西里岛西部的人们喜欢把小面球炸得脆脆的再蘸蜂蜜，而东部的墨西拿则有多种做法，比如在柔软的油炸面球上浇白色（柠檬味）和黑色（巧克力味）涂层。整个意大利南部有许多与它类似的甜点，只是名字不太一样。坎帕尼亚大区有一种叫作“sturffoli”的甜点，是在柔软的面团表面涂蜂蜜制成的；马尔凯大区也有一种叫作“cicherchia”的甜品。

“Pignolata”这个名字的词源是“pigna（松果）”，起这个名字是因为切成小粒后油炸的面球就像松子一样。果实多的松树在西西里岛象征着丰收、富裕，代表“招好运的东西”，西西里岛的陶器店、纪念品店还会出售松树形的小陶器。

蜂蜜油炸小松果原本是狂欢节的甜点，但现在人们在圣诞节期间也会制作。我住在西西里岛西部的特拉帕尼，这里一到圣诞节，每家每户全家出动，到厨房里做这种甜点。意大利的甜点不仅是用来吃的，还可以强化家庭的凝聚力，对人们的生活非常重要。

本食谱使用重磨粗粒粉（semola rimacinata）来制作，“rimacinata”的意思是“碾磨两次”。

蜂蜜油炸小松果

材料

A
- 低筋面粉……125克
- 重磨粗粒粉……125克
- 细砂糖……50克
- 盐……1小撮

蛋液……1/2个量
橄榄油……35毫升
马尔萨拉葡萄酒……约40毫升
橄榄油（油炸用）……适量
蜂蜜……140克
彩色糖珠（收尾用）……适量

做法

1. 把A中所有材料放入碗中搅拌。加入搅匀的蛋液、橄榄油、半量的马尔萨拉葡萄酒，用手揉捏，一边观察面团状态，一边慢慢加入剩余的马尔萨拉葡萄酒。揉成均匀整体后，包上保鲜膜，放入冰箱冷藏室中醒1小时。
2. 把步骤1制作的面团搓成1厘米宽的条状，切成1厘米长，放在布上。
3. 放入加热至180℃的橄榄油中炸至金黄色，捞起除去多余油分。
4. 把蜂蜜倒入平底锅中，小火加热，加入步骤3炸好的面球，使其裹上蜂蜜。裹好后盛起放入纸杯，撒上彩色糖珠即可。

1794

西西里卡萨塔蛋糕

CASSATA SICILIANA

精致多彩的里科塔奶油复活节蛋糕

种类：湿点心　　场景：居家零食、甜品店点心、酒吧或餐厅点心、庆典甜点

大家如果去过西西里岛，一定见过这款蛋糕吧。第一次见到的时候，很多人一定心怀疑问：这到底是什么样的甜点？答案非常简单，它其实是里科塔奶油制作的蛋糕。蛋糕上用糖渍果脯做装饰，用什么水果的果脯都可以，不过基本上都装饰成放射形。

意文名中“cassata”来自阿拉伯语单词“quas'at（碗）”。距今约1000年前的阿拉伯统治时期，一位牧羊人把里科塔奶酪与蜂蜜混合，做成甜奶油存放在碗里，用“碗”这个单词将其命名为“夸萨图奶油（quassattu）”。后来，皇宫里的厨师听说了这种做法，用两块蛋糕坯夹住夸萨图奶油，烤出了最早的卡萨塔蛋糕。这种原型蛋糕现在依然能在西西里岛找到，叫作“烘焙卡萨塔蛋糕（cassata al forno）”。

此后，卡萨塔蛋糕在修道院进一步发展。诺曼王朝的修道院中出现了用杏仁和白糖混合制成的杏仁糖膏，人们用面包夹住夸萨图奶油，再裹上一层杏仁糖膏，制成了不加烘烤的卡萨塔蛋糕。到西班牙统治时期，人们往卡萨塔蛋糕的里科塔奶油夹心中加入巧克力，还用糖渍果脯做装饰。西西里卡萨塔蛋糕的食谱直到19世纪才以书面形式出现。但是也有文献记载，1575年马扎拉德尔瓦洛的修道院制作了这种甜点，用于复活节期间。现在它已成为西西里岛复活节的重要组成部分。

西西里卡萨塔蛋糕

材料

基础海绵蛋糕坯（→P.210）……100克

基础杏仁糖膏（→P.212A）……80~100克

色素（绿）……少量

基础里科塔奶油（→P.212）……200克

巧克力豆……适量

糖浆

- 水……30毫升
- 细砂糖……5克

涂层

- 糖粉……125克
- 鸡蛋清……20克

糖渍果脯（装饰用）……适量

※需要用到卡萨塔蛋糕专用模具（可用平底圆盘代替）。

做法

1. 制作绿色的杏仁糖膏。往基础的杏仁糖膏中加入3~4滴溶于水的色素，揉至颜色均匀。
2. 把杏仁糖膏放在桌面上，用擀面杖擀成2~3毫米厚，然后切成宽度稍大于模具高度的条状。在模具内部撒一层薄薄的玉米淀粉（配方用量外），把条状的杏仁糖膏贴在模具内壁上，除去超出模具边缘的部分。
3. 把糖浆材料倒入小锅中，中火加热使细砂糖化开，然后冷却。把海绵蛋糕坯切薄片，铺在模具里，刷糖浆。多余的蛋糕坯保留备用。
4. 把巧克力豆与里科塔奶油混合后涂抹在步骤3铺的海绵蛋糕坯上，将模具填至八分满。
5. 把步骤3剩下的海绵蛋糕坯用手粗粗搓碎，得到的碎屑状蛋糕撒在步骤4制作的半成品上。涂上糖浆，包上保鲜膜，放入冰箱冷藏室冷藏1小时。
6. 倒置后从模具中取出。把涂层材料倒入碗中，充分搅拌后浇在整个蛋糕上，静置30分钟晾干。把糖渍果脯切成自己喜好的形状，摆成放射状的装饰即可。

水果啫喱

GELO

不含明胶的常温凝固果冻

◆◆◆◆◆◆◆◆◆◆◆◆◆◆◆◆◆◆◆

种类：调羹点心

场景：居家零食

有人说它起源于阿拉伯统治时期，也有人说是诞生于阿尔巴尼亚人手中。这种水果啫喱是用小麦淀粉熬制的，在常温下即可凝固，这表明从过去没有冰箱的时代人们就开始制作它了。一到夏天，许多人家都会制作水果啫喱，但在甜品店却很少见到。除柠檬以外，还有肉桂、巧克力等多种口味，而在西西里大区的首府巴勒莫，西西里特产的西瓜味才是最经典的口味。

水果啫喱

材料

柠檬汁……40毫升

水……160毫升

柠檬皮细屑……1个量

小麦淀粉（或玉米淀粉）……20克

细砂糖……50克

做法

1. 把柠檬汁与水混合，搅拌均匀。
2. 把柠檬皮细屑、小麦淀粉和细砂糖放入锅中，一边逐量加入步骤1混合的果汁，一边仔细搅拌，避免结块。
3. 中火加热，同时用刮刀不断搅拌，直至液体变稠。
4. 当锅底开始冒气泡时，立即从灶上取下，倒入耐热的容器中，放入冰箱冷藏室中冷藏约2个小时即可。

每年8月15日的圣母升天节吃西瓜味的水果啫喱是巴勒莫的传统习俗。

意式冰沙

GRANITA

西西里炎热夏日的必备早餐

◆◆◆◆◆◆◆◆◆◆◆◆◆◆◆◆◆◆◆

种类：调羹点心

场景：居家零食、甜品店点心

从前，阿拉伯人把埃特纳火山等西西里岛山区的积雪收集起来保存到夏天，削碎后浇上果汁或玫瑰水，做成冰冻果子露（sharbat），这就是意式冰沙的原型。意文名“granita”来源于“grattato”这个词，意思是“削冰”。意式冰沙有柠檬、杏仁、开心果、桑葚等多种口味，西西里岛西部的茉莉味则是当地的经典口味，最能体现阿拉伯“血统”。西西里人喜欢把圆圆软软的布里欧修面包（brioche）泡在意式冰沙里食用，是西西里风情的早餐吃法。

意式冰沙

材料

意式浓缩咖啡……50毫升

细砂糖……40克

水……100毫升

打发鲜奶油……适量

做法

1. 把水和细砂糖倒入锅内，中火加热，细砂糖化开后从灶火取下并冷却。
2. 加入意式浓缩咖啡，搅拌均匀，然后转移到平底方盘内，放入冰箱冷冻室。
3. 每隔1小时取出，用勺子充分搅拌，再放入冰箱冷冻室继续冷冻，直到硬度合适为止，共计约4小时。
4. 食用前30分钟取出置于室温下，每隔10分钟用勺子搅拌一次。盛入碗中，佐以打发的鲜奶油即可。

用夏季结果的新鲜桑葚制成的意式冰沙颜色鲜艳、味道浓郁。

奶酪麦粒羹

CUCCIA

煮硬质小麦配里科塔奶油

◆◆◆◆◆◆◆◆◆◆◆◆◆◆◆◆◆◆◆◆◆◆◆◆◆◆◆◆

种类：调羹点心

场景：居家零食、庆典甜点

圣卢西亚向神祈祷后，远方驶来一艘装满小麦的船。西西里的人们把小麦煮熟吃下，在饥荒中死里逃生……正是由于这样的传说，西西里岛人在12月13日的圣卢西亚节要吃未经加工的小麦粒，而不吃面粉制品。除了里科塔奶油，还可以与莫斯卡托葡萄熬的汁、卡仕达酱等搭配食用。意文名“cuccia”则来源于“chicchi（小麦等谷物的谷粒）”这个词。

奶酪麦粒羹

材料

硬质小麦（麦粒或麦米）……50克

基础里科塔奶油（→P.212）……150克

糖渍香橙果脯……25克

巧克力豆……10克

做法

1. 把硬质小麦浸入足量的水（配方用量外）中，每天换一次水，共浸泡3天。
2. 把小麦捞出沥干，用足量的沸水煮30～40分钟直至变软，然后倒入滤盆中冷却。
3. 把里科塔奶油、切成5毫米见方的糖渍香橙果脯、巧克力豆倒入碗中混合。
4. 倒入步骤2煮熟的小麦，用刮刀搅拌均匀，直到麦粒沾满奶油、分布均匀即可。

用熬莫斯卡托葡萄汁打底、糖渍果脯装饰的奶酪麦粒羹。

杏仁牛奶布丁

BIANCO MANGIARE

杏仁和牛奶制作的美味布丁

◆◆◆◆◆◆◆◆◆◆◆◆◆◆◆◆◆◆◆

种类：调羹点心

场景：居家零食、酒吧或餐厅点心

这款甜点的意文名“bianco mangiare”意为“白色的食物”，据说它起源于过去由白糖和杏仁粉制成的阿拉伯传统甜点。9世纪起是阿拉伯统治时代，杏仁牛奶布丁于这一时期传入西西里岛，随后传遍整个欧洲。它和水果啫喱（→P.186）一样，用小麦淀粉做凝固剂，所以口感黏腻，非常独特。充分发挥肉桂的风味也很重要。虽然是居家制作的零食，但在餐厅里也很常见，用碟子盛着当作餐后甜点。

杏仁牛奶布丁

材料

杏仁粉……100克

水……300毫升

柠檬皮细屑……1个量

牛奶……约200毫升

细砂糖……50克

小麦淀粉（或玉米淀粉）……40克

肉桂粉……适量

做法

1. 把杏仁粉和柠檬皮细屑倒入水中浸泡一晚，过滤。
2. 往步骤1处理好的材料中添加牛奶。
3. 把小麦淀粉、细砂糖和肉桂粉放入锅中，倒入步骤2混合的杏仁牛奶的1/3，搅拌至完全没有结块或颗粒，再加入剩余的杏仁牛奶。
4. 中火加热，同时用刮刀不断搅拌。当锅底开始冒气泡时，从灶上取下，立即倒入模具中，散热后放入冰箱冷藏室内冷藏凝固即可。

在陶器之都卡尔塔吉龙购买的模具，也可用于制作水果啫喱。

甜粗麦粉

CÙSCUSU DOLCE

阿拉伯风甜味粗麦粉

种类：调羹点心　　场景：居家零食、酒吧或餐厅点心

平常我们听到“粗麦粉”的时候，都会想到西餐中的那道菜“蒸粗麦粉”吧。西西里岛西海岸是全意大利唯一保留手工制作蒸粗麦粉的传统的地区。手工制作蒸粗麦粉费时费力，要把硬质小麦粗磨成颗粒，不断重复加水并搅拌，然后调味，蒸一个半小时左右。不过，手工做出的口感和小麦粉的风味的确别出一格。

据说蒸粗麦粉起源于西西里岛西南部的阿格里真托的圣灵修道院（Santo Spirito）。14世纪时，在某贵族家中做女仆的一名阿拉伯妇女向修女们传授了蒸粗麦粉的制作方法，从此修女们开始制作甜粗麦粉。这家修道院现在仍然存在，但因为修士修女们不与外界接触，所以这种甜点的原始配方至今不为人知。不过，圣灵修道院设有对普通大众开放的甜品店，在那里品尝了甜粗麦粉的人们都对其独特的美味深感惊讶、印象深刻，于是竞相尝试制作这种甜点，甜粗麦粉就这样传播开来。

除巧克力以外，制作甜粗麦粉的材料大多数都是阿拉伯人带来西西里岛的，但现在都成了西西里的特产，享誉全球。1000多年前阿拉伯人的到来让西西里岛受益无穷。

甜粗麦粉

材料

粗麦粉……100克

黄油……10克

A

- 糖渍香橙果脯……25克
- 巧克力……30克
- 带皮杏仁……25克
- 开心果……25克
- 葡萄干……25克
- 糖粉……10克
- 开心果粉……10克
- 蜂蜜……1小匙
- 肉桂粉……适量
- 丁香粉……适量

做法

1. 把A中的杏仁和开心果放入预热至180℃的烤箱中烘烤，然后粗切碎。用温水（配方用量外）把葡萄干泡开，沥干后粗切碎。
2. 把黄油放入平底锅中，用小火加热至化开，倒入粗麦粉轻炒。
3. 按粗麦粉包装盒上指定的用水量，往步骤2的锅中加入沸水（配方用量外），盖上锅盖，焖10分钟，然后取下锅盖。冷却后加入A中的蜂蜜和糖粉，搅拌均匀。
4. 加入步骤1处理的材料和A中其他材料，搅拌均匀后放入冰箱冷藏室静置30分钟，使食材充分融合即可。

为降低制作难度，上述配方采用已经煮熟的粗麦粉。

杏仁面果

FRUT TA MARTORANA

水果形的亡灵节杏仁糖点

种类：杏仁糖点及其他甜点　　场景：居家零食、甜品店点心、庆典甜点

杏仁面果诞生于巴勒莫的马托拉纳修道院（即海军元帅圣母教堂）。在12世纪，巴勒莫市中心的马托拉纳修道院的花园种满了时令水果，被誉为当地最美丽的花园。有一年秋天，一位主教要参观这座修道院，可是花园里的果树上什么果实也没结。所以修士修女们就用当时还是新颖食材的杏仁和白砂糖制作了杏仁糖膏，再做成橙子、柠檬、无花果、苹果、西洋梨、桃等水果的形状，装点在花园里迎接主教。

时过境迁，到19世纪，11月2日被定为“亡灵节”，这一天是亡灵回到现世的日子。大人们说亡灵会给小孩带来礼物，然后给孩子们赠送甜食，而当时的贵族们一致选择的甜食就是这种漂亮美味的甜点。这就是杏仁面果成为今天的亡灵节甜点的原委。当然，这与亡灵节在秋天这一点应该也有关系。

现在，杏仁面果已成为西西里的特色甜点，一年四季都装点着甜品店的橱窗。它可以长期存放，所以也常用于送礼。

杏仁面果

材料

基础杏仁糖膏（→P.212B）……整份
香草香精……适量
丁香粉……适量
糖粉……适量
食用色素（红、蓝、黄）……适量
※需要用到水果形状的模具。

西西里岛有专用的水果形模具和假叶子等装饰物出售。

做法

制作杏仁糖膏

参照P.212，制作基础杏仁糖膏，但在步骤3中，需要加入香草香精和丁香粉。

成形

苹果、西洋梨

取30克杏仁糖膏，把糖粉轻轻地拍在手心里，把杏仁糖膏搓成小球形，再捏成苹果或西洋梨的形状。

柠檬、橙子、草莓、栗子等

根据每个模具的容量取适量的杏仁糖膏，把糖粉轻轻地拍在手心里，用手掌先搓成球形。然后往模具中撒薄薄的一层糖粉，把杏仁糖膏轻轻按入模具内。从模具中取出后，用刷子刷去表面附着的糖粉。

调色

使用食用色素。按照以下比例混合红、蓝、黄三种食用色素，以调出自己喜欢的颜色。用毛笔等工具上色，放置约半天晾干，再装上蒂或叶即可。

橙色……黄+红（2：1）
紫色……蓝+红（1：1）
褐色……黄+红+蓝（5：3：1）

复活节羔羊

AGNELLO PASQUALE

小羊羔是基督复活的象征

◆◆◆◆◆◆◆◆◆◆◆◆◆◆◆◆◆◆◆

种类：杏仁糖点及其他甜点
场景：居家零食、甜品店点心、庆典甜点

复活节期间，整个西西里岛都制作这款甜点，它模仿的是“上帝的羔羊”。羊也代表善良的动物，红色的小旗则象征基督复活。

在西西里岛，一到复活节前，甜点用品店就会上架羔羊形的模具，买来在家中制作复活节羔羊的人也不少。它被用作复活节当天午餐的餐后甜点，与复活节鸽子面包（→P.36）和西西里卡萨塔蛋糕（→P.184）一起登上餐桌。人们单手拿刀，互相比较切下食用的羔羊的部位，场面十分热闹，也是一道应景的风景线。

复活节羔羊

材料

基础杏仁糖膏（→P.212B）……150克
色素（褐色）……适量
※需要用到羊形模具。

做法

1. 把杏仁糖膏放入撒有一薄层糖粉的羊形模具中，压制成形。
2. 给面部、身体等部位上色即可。

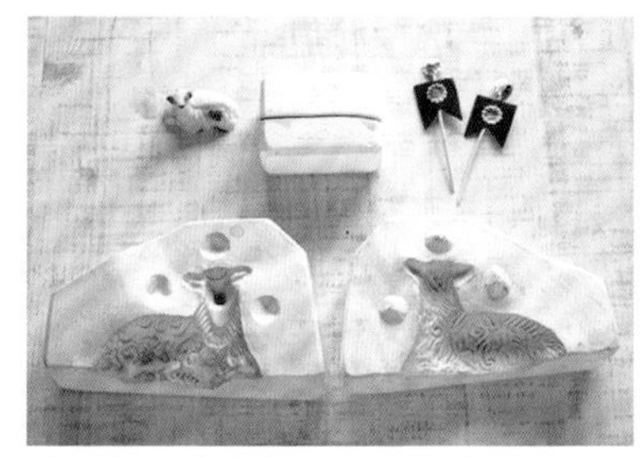

羊形模具。有多种尺寸，大的模具容量达到500克，最小模具的是50克。

烤杏仁糖

TORRONE

又脆又硬的焦糖杏仁

◆◆◆◆◆◆◆◆◆◆◆◆◆◆◆◆◆◆◆

种类：杏仁糖点及其他甜点
场景：居家零食、甜品店点心

烤杏仁糖的意文名来自拉丁语单词“torero（烘烤）”，在西西里岛也被称为“cubbaita”。它的起源众说纷纭，有人认为是罗马，有人认为是阿拉伯，但从9世纪阿拉伯人将杏仁、糖和香料带来西西里岛这一事实来判断，普遍认为阿拉伯起源说最为有力。还有用芝麻制作的“giuggiulena（芝麻）”版。要做出美味的烤杏仁糖，秘诀是一定要事先将杏仁充分烘烤。

烤杏仁糖

材料

去皮杏仁……50克
细砂糖……100克
肉桂粉……1克
柠檬皮细屑……1/4个量

做法

1. 把杏仁放入预热至180℃的烤箱中烘烤，然后将其粗切碎。
2. 把细砂糖倒入平底锅中，中火加热，待熬成焦糖状时加入步骤1处理好的杏仁，迅速搅拌混合。从灶上取下，加入肉桂粉和柠檬皮细屑，继续搅拌。
3. 把烘焙纸铺在桌面上，趁热把步骤2处理的材料摊在上面，用擀面杖擀至约1厘米厚。放置冷却，在完全冷却变硬之前、尚有余温的时候，切成自己喜好的大小。

婚礼杏仁挞

PASTISSUS

婚礼用的白色杏仁挞

种类：馅饼糕点　　场景：居家零食、甜品店点心、庆典甜点

这是撒丁岛西南部从奥里斯塔诺到卡利亚里都有的甜点，也叫作“pastine reali”或“cupolette”，是为婚礼等重要场合准备的。

岛上女性心灵手巧。无论是撒丁岛还是西西里岛，岛上的女性们都擅长制作精美的刺绣和形状复杂的手工意大利面。我想，生活在岛上的人们在当地独自的历史进程中，形成了独特的审美。这种审美也体现在甜点中。在某家甜品店里，我被装饰华美的婚礼杏仁挞吸引。一眼看上去似乎很难想象它们的味道，但这些挞的制作方法其实很简单，将薄面皮铺在小型挞模具上，填入杏仁粉、白砂糖、鸡蛋等制成的奶油后烘烤即可。装饰用的是白色糖衣，散发着橙花水香，正宗的做法还要加上像刺绣一样细致美丽的裱花。当然，没有熟练的技术是不行的。外表看起来似乎很甜，但品尝后却会发现，柠檬和杏仁的味道如此温和，口中还萦绕着橙花的芳香……总之这种甜点的味道出人意料地温和。在家制作时很难制作刺绣状的装饰，所以包裹糖衣后撒上珍珠糖球即可。

婚礼杏仁挞

材料

挞皮

- 低筋面粉……250g
- 猪背油……50克
- 细砂糖……50克
- 温水……50克

馅料

- 细砂糖……125克
- 鸡蛋黄……4个
- 鸡蛋清……4个量
- 杏仁粉……125克
- 泡打粉……6克
- 柠檬皮细屑……1个量

糖衣

- 糖粉……125克
- 鸡蛋清……15克
- 橙花水……数滴

珍珠糖球（装饰用）……适量

做法

1. 制作挞皮。把低筋面粉、细砂糖、猪背油放入碗中，然后用手指揉搓。加入分量内的温水，揉至表面光滑，包上保鲜膜，放入冰箱冷藏室中醒1小时。
2. 放在桌面上，用擀面杖擀成24张极薄的直径10厘米的面皮。倒入涂有黄油、撒有低筋面粉（皆为配方用量外）的模具中，用刀切掉超出边缘的部分。
3. 制作馅料。把鸡蛋黄和60克细砂糖放入碗中，用打蛋器搅拌至黏稠，然后加入柠檬皮细屑搅拌。加入杏仁粉和泡打粉，用刮刀搅拌至整体均匀。
4. 把鸡蛋清倒入另一个碗中，分数次加入65克砂糖，同时用打蛋器打至八成发。
5. 把步骤4处理的材料分两次加入步骤3的产物中，每次一半且轻轻搅拌，注意不要消泡。然后倒入步骤2的模具中，装至7成满，放入预热至170℃的烤箱中烘烤约20分钟后冷却。
6. 把糖衣的材料放入碗中搅拌均匀，厚涂在步骤5烤好的挞上，用珍珠糖球装饰即可。

尖角奶酪挞

PARDULAS

手工成形的复活节芝士挞

种类：馅饼糕点　　场景：居家零食、甜品店点心、庆典甜点

漫步在撒丁岛上，常常能在市场和甜品店看到尖角奶酪挞。一位在岛上工作了很长时间的朋友说，这是撒丁岛人最爱的甜点之一。

将猪油粗面面皮（→P.213）切成圆形，中间放上用柠檬皮或橙皮调味的里科塔奶油，然后用手轻轻捏出几个尖角，做成挞的形状，经烘烤后就做成这款芝士挞。听起来很简单，但是动手尝试后却会发现，用手捏出挞的形状相当困难。猪油粗面面皮也用于制作羊奶酪蜂蜜炸果（→P.204），油炸则口感轻脆，烘烤则可制成薄脆的煎饼状。

“尖角奶酪挞”是从撒丁岛首府卡利亚里到奥里斯塔诺西南部一带所使用的名称。词源为“pardula”，派生自拉丁语单词“quadrula”，意为“长了角的”。在西北部的萨萨里称为“formaggelle”或“ricottelle”。在东北部牧羊业兴盛的巴巴吉亚地区，馅料不用里科塔奶酪，而采用新鲜的绵羊奶酪，称为“casadinas”。这个名字来自拉丁语单词“caseus”，意为“奶酪”。另外，这一带还有用薄荷和意大利欧芹制作的尖角奶酪挞，没有甜味。

今天，尖角奶酪挞一年四季都受人喜爱，但最初是为了庆祝复活节而诞生的甜点。人们在复活节前一天的星期六制作大型的挞，在复活节当天午餐时祈祷基督复活后一起食用。

尖角奶酪挞

材料

粗粒面粉……100克
猪背油……15克
盐……1小撮
温水……40～50毫升
馅料
- 里科塔奶酪……250克
- 细砂糖……50克
- 粗粒面粉……30克
- 鸡蛋黄……1个
- 柠檬皮细屑……1/2个量
- 橙皮细屑……1/2个量
- 番红花粉……少量

做法

1. 把粗粒面粉、盐和猪背油放入碗中，用手指搓捏混合。一边观察面团的硬度，一边添加温水并揉搓，然后包上保鲜膜，放入冰箱冷藏室中醒1小时。
2. 制作馅料。把里科塔奶酪和细砂糖放入碗中，用打蛋器搅拌均匀，加入其他馅料材料，搅拌至表面光滑。
3. 把步骤1制作的面团放在铺有一薄层面粉的桌面上，用擀面杖擀薄，用直径10厘米的圆形模具压出10张面皮。把步骤2制作的馅料分成2等份，放在面皮中央，然后用勺子摊开，留下约1厘米的边缘。用手指捏住边缘若干处并收拢，让面皮包裹奶油馅，形成碗状。
4. 放入预热至170℃的烤箱中烘烤约20分钟即可。

菱形提子饼干

PAPASSINOS

填满葡萄干的松脆饼干

种类：意式饼干　　场景：居家零食、甜品店点心、庆典甜点

这是一款11月1日诸圣节（→P.87）制作的菱形意式饼干，表面有糖衣和彩色糖珠。

在撒丁岛旅行时，常能听到一种陌生的语言，与其说是方言，倒不如说是与意大利语完全不同的另一种语言，甜点的名称就像暗号一样。这种饼干也叫“pabassini”，这个词我在意大利其他任何地区都从未听过。这个名称来自撒丁岛方言“papassa”，意为“葡萄干”。之所以在11月1日制作，也许是因为11月前后是葡萄干制成的时期吧。

实际上手制作后会发现，大量的葡萄干堆积在一起，多到难以切分开。面团中采用猪背油，所以口感酥脆。因为撒丁岛各地都制作这种甜点，所以变种特别多。本书用柠檬皮和橙皮调香，但也有一些地区用肉桂、香草、茴香籽等香料。

在大区首府卡利亚里的圣贝内代托市场上发现的菱形提子饼干。

菱形提子饼干

材料

面团

- 低筋面粉……250克
- 细砂糖…… 100克
- 猪背油…… 100克
- 全蛋……1个
- 牛奶……40毫升
- 泡打粉……6克

A

- 葡萄干……75克
- 去皮杏仁...... 50克
- 核桃...... 50克
- 橙皮细屑……1个量
- 柠檬皮细屑……1/4个量

鸡蛋清……1个量

糖粉……80克

彩色糖珠（装饰用）……适量

做法

1. 用温水（配方用量外）把A中的葡萄干泡开，沥干水分。把杏仁放入预热至180℃的烤箱中烘烤，然后粗切碎。
2. 把面团的所有材料放入碗中，揉至表面光滑后加入A中所有材料（将核桃事先切碎）。揉至整体均匀混合后放入冰箱冷藏室中醒1小时。
3. 放在桌面上，用擀面杖擀成1厘米厚，然后切成边长3厘米的菱形。摆在铺有烘焙纸的烤盘上，放入预热至170℃的烤箱中烘烤约15分钟，冷却。
4. 把鸡蛋清倒入碗中，一边逐量加入糖粉，一边搅拌打发至能拉出尖角，得到有光泽的蛋白霜。涂在步骤3烤好的饼干表面，用彩色糖珠装饰后，放入预热至50℃的烤箱中烘烤约20分钟，使糖霜表面干燥即可。

婚礼花卷

CASCHETTAS

赠予新娘的小小白玫瑰

种类：烘焙甜点　　场景：居家零食、甜品店点心、庆典甜点

在撒丁岛卡利亚里的圣贝内代托市场，我发现了一种用薄薄的面皮卷成螺旋状的甜点，里面夹着一些不知名的馅料。这到底是什么呢？这种给我留下深刻印象的甜点，正是婚礼花卷。撒丁之旅结束后我做了一番调查，发现它是巴巴吉亚地区贝尔夫伊市的传统甜点，也叫作“dolce della sposa（新娘的甜点）”，是婚礼上送给新娘的礼物和宴请宾客的点心。

用粗粒面粉和猪背油做成面团，擀成薄薄的面皮，然后把杏仁和熬葡萄汁（→P.215）或蜂蜜制成的馅料卷在里面。贝尔夫伊市盛产榛子，所以馅料里用的是榛子，而其他地区都用杏仁。一层一层卷起来的形状像一朵白玫瑰，但要卷得像撒丁岛人做的一样好看，需要娴熟的技巧。除了玫瑰形状外，还有马蹄形（在意大利象征好运）、心形等各种形状。

说起来，羊奶酪蜂蜜炸果（→P.204）和尖角奶酪挞（→P.198）也是巴巴吉亚地区的甜点，让人不禁感叹这片山地的饮食多么丰富。虽然撒丁岛的海景令人叹为观止，海边小镇也是繁华的度假胜地，但去巴巴吉亚地区来一场领略饮食文化的旅行似乎也别有一番趣味。

婚礼花卷

材料

面团
- 粗粒面粉……250克
- 猪背油……50克
- 盐……1小撮
- 温水……50毫升

馅料
- 熬葡萄汁（或蜂蜜）……200毫升
- 粗粒面粉……40克
- 去皮杏仁……60克
- 可可粉……10克
- 橙皮细屑……1/2个量

彩色糖珠（装饰用）……适量

做法

1. 制作馅料。把熬葡萄汁倒入锅中，小火加热，煮沸后加入剩余的馅料材料。不断搅拌，当馅料形成均匀整体且可脱离锅底时，停止搅拌，静置冷却。倒在桌面上，搓成5毫米粗的条状。
2. 制作面团。把粗粒面粉、盐、猪背油放入碗中，用手指揉搓。加入温水，揉捏后包上保鲜膜，放入冰箱冷藏室中醒1小时。
3. 把步骤2制作的面团放在桌面上，用擀面杖擀至极薄，然后用波浪纹的切面器切成宽5厘米、长30厘米的带状面皮，共12条。把步骤1制作的条状馅料也切成12等份，在每条面皮中央放一条馅料，对折（不必捏紧），然后撒上彩色糖珠。每隔3厘米用手指捏一次，从一端开始向另一端卷。
4. 摆在铺有烘焙纸的烤盘上，放入预热至170℃的烤箱中烘烤15～20分钟即可。

羊奶酪蜂蜜炸果

SEADAS

里科塔奶酪馅的油炸意大利饺子

种类：油炸甜点　　场景：居家零食、酒吧或餐厅点心

这是一款裹上大量蜂蜜的羊奶酪馅油炸甜点，有点像意大利饺子。

意大利人一般把它叫作“seadas”，但准确地说，它的意文名应该是“seada”。“Seadas”是复数形式，也可以叫作“sebadas”。有人说这个名字来源于拉丁语单词“sebum”或撒丁岛方言“seu”，都是“油脂”的意思；也有人认为其词源是西班牙统治时期的西班牙语。无论如何，羊奶酪蜂蜜炸果已经成为撒丁岛的标志性甜点。它起源于巴巴吉亚地区的努奥罗，这里是岛上内陆部牧羊业发达的地域，牧羊人们食用这种甜点补充营养。

这款甜点用绵羊奶的奶酪制成，而且是制作后不过数日的新鲜奶酪。面皮是猪油粗面面皮（→P.213），由粗粒面粉和猪背油制成，在撒丁岛很常用。酥脆的口感是通过在猪背油或橄榄油中油炸而成的，但现在有很多人重视健康，用色拉油来油炸。按照传统应浇上采自洋杨梅花的微苦蜂蜜。

用佩科里诺奶酪做馅料的甜点有很多，但是很少有甜点只用不经调味的纯奶酪，淡淡的咸味和蜂蜜的甜味才令人胃口大开。最好是在刚炸好的热乎乎的炸果上，毫不吝惜地浇上大量蜂蜜。

本页所用的佩科里诺奶酪是熟成10天左右的普里莫萨奶酪，可通过网络购买。

羊奶酪蜂蜜炸果

材料

粗粒面粉……125克
猪背油……12克
水……50毫升
佩科里诺奶酪……150克
柠檬皮细屑……1/2个量
色拉油（油炸用）……适量
蜂蜜（收尾用）……适量

做法

1. 把粗粒面粉和猪背油放入碗中，然后用手揉搓，使猪背油融入面粉中。加入水，揉至表面光滑，包上保鲜膜后放入冰箱冷藏室中醒1小时。
2. 把佩科里诺奶酪切成薄片，放入平底锅中，小火加热至化开后，转移到平底方盘中冷却。
3. 把步骤1制作的面团的一半放在桌面上，用擀面杖擀薄。把步骤2处理的奶酪分成8等份，按一定间隔摊在面皮上，再把柠檬皮细屑撒在奶酪上。剩余的面团也擀成同样大小的薄面皮，盖在上面。以放置奶酪的位置为中心，用直径8厘米的圆形模具取出8个圆形“饺子”。
4. 放入加热至170℃的色拉油中，炸至两面金黄，捞起除去多余油分，盛在盘子里并浇上蜂蜜即可。

✦ 专栏 6

来自外国的甜点

意大利北邻法国、瑞士、奥地利，东接斯洛文尼亚，南面非洲。在独特的地理和历史背景下，有许多甜点从外国传入意大利。

来自奥地利的甜点

特伦蒂诺-上阿迪杰、弗留利-威尼斯朱利亚

意大利的特伦蒂诺-上阿迪杰、弗留利-威尼斯朱利亚这两个大区与奥地利接壤。奥地利在哈布斯堡王朝时扩张领土，一度成为繁荣昌盛的强国，甜点文化也丰富绚烂。这两个大区曾长期受奥地利统治，对它们的饮食文化产生了深远的影响。特别是特伦蒂诺-上阿迪杰，也就是南蒂罗尔，这一地区在1861年意大利统一时仍未成为意大利领土，于其后的1985年和1946年并入意大利版图，至今仍有许多人讲奥地利的官方语言——德语。当地的许多发音奇特的甜点名字都是德语的遗留。这些地区不仅甜点源于奥地利，坐下来悠闲地享受咖啡的文化也来自奥地利。

（左上起横向）薄酥卷饼（→P.70）/ 珍宝蛋糕（→P.66）/ 克拉芬（→P.74）/ 荆棘王冠酥（→P.82）。

来自瑞士和法国

皮埃蒙特、坎帕尼亚（那不勒斯）

皮埃蒙特与法国和瑞士相邻，以阿尔卑斯山脉为界。它从15世纪开始就由萨伏依家族统治，随着宫廷文化的兴盛，许多甜点都是受萨

（左上起横向）猫舌饼干（→P.8）/ 蛋白糖酥（→P.9）。

伏依家族之命制作的。18世纪时一度成为法国的卫星国，并受到宗主国法国在同一时期的灿烂饮食文化的强烈影响。另一方面，坎帕尼亚的著名特产朗姆巴巴是19世纪那不勒斯纳入法国控制范围之下时从法国引进的，但实际上可以溯源至波兰，它于18世纪因法波王室联姻而传入法国。意大利甜点中，既有跨越国界的文化交流的产物，也有承接历史代代相传的传统点心。

朗姆巴巴（→P.142）。16世纪时意大利美第奇家族女性成员嫁给法国国王，把甜点文化带到法国。后来法国的甜点文化开花结果，又反哺了意大利的甜点文化。

来自阿拉伯国家

西西里岛

西西里岛位于意大利南部，地处欧洲与阿拉伯国家的交界处。西西里岛正好位于地中海中央，自古以来就是地中海贸易枢纽，许多民族都觊觎过、统治过这座岛。在这样的历史背景下，西西里岛形成了多种多样的饮食文化。对西西里岛的饮食影响最大的要数9世纪时阿拉伯人的统治。阿拉伯人为西西里岛带来了白糖、柑橘类水果、香料等许多制作甜点的新食材，随后这些食材又传至意大利大陆地区。各种甜点制作技术也从当时文明发达的阿拉伯国家传向西西里岛。由此，西西里岛的甜点文化发展起步甚早，既有像卡萨塔蛋糕一样随时代发展而变化的甜点，也有烤杏仁糖等保持传统面貌的甜点。

（左上起横向）西西里卡萨塔蛋糕（→P.184）/ 意式冰沙（→P.187）/ 烤杏仁糖（→P.195）/ 杏仁面果（→P.192）。阿拉伯风的庆典甜点采用多种颜色的食材，所以鲜艳多彩。本书还收录了水果啫喱（→P.186）和杏仁牛奶布丁（→P.189）等阿拉伯风格甜点。

意大利的国民食品：意式冰激凌

讲到意大利一定会想到意式冰激凌！在意大利的街头，甚至能看见西装笔挺的男士手里拿着大号的冰激凌。不管男女老少，意大利国民都喜欢意式冰激凌。这种冰激凌到底起源于哪里呢？有人说是西西里岛，有人说是佛罗伦萨，但恐怕这两个答案都既不正确也非错误。

意式冰激凌是由意式冰沙（→P.187）演变而来的。9世纪时，阿拉伯人为西西里岛带来了冰沙，这是意大利最早的冰制点心。冷冻技术诞生于16世纪的佛罗伦萨（→P.102），但直到17世纪后半叶才出现今天的意式乳脂冰激凌。西西里岛的一位甜点师通过在冷却过程中搅拌混入空气，创造出口感绵软的意式冰激凌，而这种冰激凌真正风靡世界则要到这位甜点师的咖啡馆在巴黎开张以后了。总之，意式冰激凌是在意大利由与时俱进的技术创新催生的甜点。

意式冰激凌口味丰富，从巧克力、榛子、咖啡等添加鲜奶油的浓郁类口味，到柠檬、浆果等清淡类口味，每个人的喜好也千差万别。在冰激凌店里，只要开口说“Con panna（给我来点鲜奶油）”，店员就会免费为你在冰激凌上添加一大勺鲜奶油，堆成小山。容器可以从蛋卷和杯子之间选一种，跟中国一样，但西西里冰激凌店还有第三个选项，那就是布里欧修面包（brioche）。这是一种拳头大的圆面包，顾客挑选自己喜欢的两种口味，让店员夹在面包中间，做成冰激凌汉堡。这分量实在惊人！据说布里欧修面包起源于诺曼王朝，西西里岛夏季酷暑难耐，容易食欲不振，人们把布里欧修面包浸在意式冰沙里食用。后来出现了意式冰激凌，人们就开始把意式冰激凌夹在面包中间。

肚子稍微有点饿时、工作间休息时、聊天时……不论什么场合，意大利人都疯狂地热爱着意式冰激凌。

开心果味的冰激凌汉堡。

橱窗内，不同口味的冰激凌分门别类地摆放着。挑选口味也别有一番乐趣。

意大利的酒吧文化和早餐甜食

如果你去过意大利，可能见过早上拥挤不堪的酒吧。意大利人的一天从酒吧开始。意大利人没有在酒吧坐着慢慢吃喝的习惯，迅速吃完早餐就去上班。平均用时约5分钟。

意大利人很喜欢酒吧。随便问一句“去喝咖啡不?”然后一起在酒吧柜台旁站着一口喝完咖啡，聊一会儿天就匆匆离开。酒吧在一天中的不同时段扮演着不同的角色，白天提供便餐轻食，晚上则提供开胃酒，人们一天当中会多次光顾自己喜欢的酒吧。一位朋友说:“酒吧就像我的第二个家。”酒吧是人们的社交场所，是意大利人生活中不可或缺的一部分。

那么，意大利人的早餐又是什么样的呢?意大利总给人一种食量巨大的印象，但意大利酒吧提供的早餐却出人意料地简单且量少。最经典的是卡布奇诺咖啡和叫作“短号面包”（cornet，某些地区也叫布里欧修面包）的甜面包。短号面包里的夹心除橘皮酱和卡仕达酱外，还有里科塔奶酪、巧克力酱、开心果酱等，选择口味也是早餐的一大趣味。克拉芬（→P.74）也是最受欢迎的早餐甜点之一。真正拿在手里时，会意外地发现它又大又沉，而且味道极甜。意大利早餐乍看简单量少，热量却毫不含糊。另一方面，在家中享用早餐时，用咖啡壶萃取意式浓缩咖啡，倒入热牛奶中做成拿铁咖啡，然后在喜欢的意式饼干或不甜的面包干上涂橘皮酱或榛子酱，在拿铁咖啡里泡一下后食用。当然，橘皮酱、榛子酱要涂得多多的。

意大利人从早到晚开朗而充满活力，他们的活力秘诀也许就藏在这种甜美的早餐里。

各种各样的短号面包和甜面包。与酥脆的羊角面包不同，短号面包层数更少，更像普通的面包。

经典的早餐饮料卡布奇诺咖啡。美味卡布奇诺的标志是一直不消失的膨松泡沫。

早上的酒吧里全是上班前的大叔。柜台有空位时，他们都把座位让给我，真不愧是意大利的绅士。

甜点基底配方

基础海绵蛋糕坯

PANDISPAGNA

制作海绵蛋糕坯本来应该将鸡蛋黄和鸡蛋清分别处理，但本书采用混合处理的方法，以便用作各种甜点的基底。加入马铃薯淀粉可以使面团更轻，更易吸收糖浆。

材料

全蛋（常温解冻）……4个
细砂糖……120克
低筋面粉……80克
马铃薯淀粉……40克

做法

1. 把鸡蛋磕入碗中，一边搅拌，一边分次加入细砂糖。
2. 蛋液搅拌至黏稠后，将混合摇晃均匀的低筋面粉和马铃薯淀粉一次全加入碗中，用刮刀充分搅拌至表面光滑。
3. 倒入铺有烘焙纸的模具中，放入预热至180℃的烤箱中烘烤20～25分钟即可。

本书中使用的甜点

波伦塔与小鸟→P.34
圆帽蛋糕→P.102
英式甜羹→P.105
西西里卡萨塔蛋糕→P.184

基础挞皮

PASTAFROLLA

一般制作手法是将糖、鸡蛋和面粉按顺序加入常温软化的黄油中揉制，但是意大利人为使挞皮更加松脆，常将预冷的黄油和面粉混合。相同分量的挞皮用前一种方法制作会更湿润。

材料

低筋面粉……250克
糖粉（或细砂糖）……100克
黄油（冷冻）……125克
鸡蛋黄……2个

做法

1. 把低筋面粉倒入碗中，再加入切成1厘米见方后冷冻的黄油。用手指快速搓捏混合，注意不能使黄油融化。
2. 加入糖粉，用手轻轻搅拌混合；加入鸡蛋黄，揉成均匀混合的整体。
3. 包上保鲜膜，放入冰箱醒1小时即可。

※在冷藏室内可保存3～4日，在冷冻室可保存1个月。若冷冻保存，使用前需要在冷藏室自然解冻后轻轻按揉，然后才能使用。

本书中使用的甜点

糖霜意面挞→P.44
奶酪麦粒格纹挞→P.136

海绵蛋糕坯和热那亚海绵蛋糕的区别

意大利主要有两种海绵蛋糕。上面介绍的基础海绵蛋糕坯（pandispagna）的意文名字面意思是“西班牙的面包”，因为最初是热那亚甜点师为西班牙王室制作的。鸡蛋黄和鸡蛋清分别处理，不含黄油，因此整体轻盈，清爽干燥。而热那亚海绵蛋糕（pastagenovase）的意文名意思是“热那亚风格的面团”，起这个名字是因为最初是热那亚甜点师将整个鸡蛋搅拌打发后加入融化黄油制作的。热那亚海绵蛋糕整体湿润，优点是可以品尝到蛋糕坯本身的味道。正如本书所述，现在有许多食谱结合了两者的优点，但也有许多传统甜品店坚持用不同的蛋糕坯制作不同的甜点。

基础泡芙面糊

PASTABIGNE'

泡芙面糊如果用烤炉充分烘烤则轻盈小巧，用油炸则口感松软。意大利语也可以叫作“pasta choux”。20世纪七八十年代以后，内填各种奶油的小型意式贝涅饼（迷你泡芙）成了经典甜点。

材料

黄油……100克
盐……2克
细砂糖……5克
水……250毫升
低筋面粉……150克
鸡蛋……4~5个

做法

1. 把黄油、盐、细砂糖、250克水倒入锅中，中火加热，使黄油化开。
2. 把锅从灶台上取下，一次性加入所有的低筋面粉，用刮刀翻拌，使其充分混合成均匀整体。
3. 重新用中火加热，同时用刮刀搅拌混合，当锅底开始出现白膜时移入碗中。
4. 把鸡蛋逐个磕入碗中，每次都用刮刀充分搅拌，使鸡蛋充分渗入面团即可。

本书中使用的甜点

圣约瑟油炸泡芙→P.141
圣约瑟海绵泡芙→P.176

基础卡仕达酱

CREMA PA STICCERA

卡仕达酱是许多湿点心的基底。可以根据使用目的调整其硬度，例如在加热时出现气泡后立即转移到平底方盘上可以使其膨松柔软，如果充分煮熟则可以做成硬奶油。不少意大利人更偏爱后者。

材料

鸡蛋黄……40克
细砂糖……50克
低筋面粉……20克
牛奶……250毫升
柠檬皮……1/4个量

做法

1. 把牛奶、柠檬皮倒入锅内，煮至即将沸腾。
2. 把鸡蛋黄和细砂糖加入另一个锅内，用打蛋器搅拌至颜色变白，再加入低筋面粉，继续搅拌至充分混合。
3. 去除步骤1锅内的柠檬皮，一边用打蛋器搅拌，一边把牛奶一点点倒入步骤2的锅中。
4. 把步骤3的锅用中火加热，同时用打蛋器搅拌。当锅底开始冒气泡，且表面产生光泽时，把锅从火上取下，把锅内的奶油倒入平底方盘，放凉。如果不立即使用，应在奶油表面紧紧贴覆保鲜膜，置于冰箱保存即可。

※在冰箱冷藏室内可保存约2日，使用前需要先用刮刀搅拌，然后才能使用。

本书中使用的甜点

英式甜羹→P.105
圣约瑟油炸泡芙→P.141
莱切夹心小蛋糕→P.148
修女酥胸→P.154

基础里科塔奶油

CREMA DI RICOTTA

意大利的里科塔奶酪多为羊奶制作，因此制作甜点时为了消除羊的膻味，需要增强甜度，添加的细砂糖的量是里科塔奶酪的40%～50%。本书使用的里科塔奶酪是用牛奶制作的，因此本书中细砂糖的用量减少了20%。

材料

里科塔奶酪……200克
细砂糖……40克

做法

1. 把过滤后的里科塔奶酪倒入碗中。
2. 加入细砂糖，用打蛋器搅拌至表面光滑即可。

本书中使用的甜点

栗子可丽饼→P.104
曼多瓦酥饼→P.164
圣约瑟海绵泡芙→P.176
意式香炸奶酪卷→P.178
潘泰莱里亚之吻→P.180
西西里卡萨塔蛋糕→P.184
奶酪麦粒羹→P.188

基础杏仁糖膏

PASTA DI MANDORLA / MARZAPANE

传统的杏仁糖膏需要加热以延长保存期限，但是现在用于湿点心时常用简单的配方。用于湿点心时不需加热，为使表面光滑还会加入糖粉。

A 用于湿点心

材料

杏仁粉……125克　糖粉……125克
鸡蛋清……30克　苦杏仁香精……约3滴

做法

1. 把杏仁粉和糖粉放入料理机磨细。
2. 一边逐量加入鸡蛋清，一边用料理机研磨，待充分混合成一个整体后，取出并添加苦杏仁香精，然后轻轻揉搓即可。

※在冰箱冷藏室内可保存1星期。

本书中使用的甜点

波伦塔与小鸟→P.34
西西里卡萨塔蛋糕→P.184

B 用于传统点心

材料

杏仁粉……250克　水……65毫升
细砂糖……250克　苦杏仁香精……约1滴
糖粉……适量

做法

1. 把杏仁粉放入料理机磨细。
2. 把细砂糖、材料中的水倒入锅中，中火加热至210℃。
3. 加入步骤1的杏仁粉，用刮刀仔细搅拌。待充分混合成一个整体后，取出放在铺满糖粉的桌面上，加入苦杏仁香精，用刮刀搅拌。
4. 待温度下降至可用手触摸后，用手揉捏至表面光滑，同时使其温度继续下降即可。

本书中使用的甜点

杏仁面果→P.192
复活节羔羊→P.194

其他的基底和奶油

千层酥皮

PASTA SFOGLIA

把黄油包裹在用低筋面粉和水揉好的面团中，多次拉伸折回，形成薄层的面团。也就是折叠馅饼面团。“Sfoglia”的意思是“薄的东西”，它是意大利甜点中使用的基底之一，但由于制作流程过长，家庭中并不经常制作。用于制作在烘烤过的酥皮之间夹奶油的千层酥，以及在酥皮上放苹果等水果的烤制馅饼。

本书中使用的甜点

荆棘王冠酥→P.82

猪油粗面面皮

PASTA VIOLADA

用手指揉搓粗粒面粉和猪背油后加水和成的面团。在撒丁岛常用橄榄油代替猪背油，这样制成的面团更轻。由于不含糖，因此除用于制作甜食外还用于烹饪。基本材料都一样，但配方因制作的甜点不同而略有差异。

本书中使用的甜点

尖角奶酪挞→P.198
婚礼花卷→P.202
羊奶酪蜂蜜炸果→P.204

无油无糖面皮

PASTA MATTA

用低筋面粉、橄榄油、水和盐和成的面团。“Matta”的意思是“奇特的”，因其与一般甜点使用的面团不同，不含黄油而得名。由于不含糖，因此也可用于烹饪，例如制作火腿芝士卷等。薄酥卷饼原本应用这种无糖无油面皮制作，但本书为改善风味添加了鸡蛋。

本书中使用的甜点

薄酥卷饼→P.70

黄油糖霜奶油

CREMA AL BURRO

将糖粉加到软化的黄油中，然后加入打好的蛋白霜。食谱有很多种，有用加入糖浆的意大利蛋白霜的，也有不加蛋白霜的。常与巧克力或榛子酱混合使用，夹在海绵蛋糕坯间，或用于蛋糕表面涂层。

本书中使用的甜点

波伦塔与小鸟→P.34

外交官奶油

CREMA DIPLOMATICA

将卡仕达酱与打至八成发的鲜奶油等量混合制成的奶油。将两者混合时，用打蛋器充分搅拌卡仕达酱，打发至与鲜奶油一样硬，便于混合。可以填入意式贝涅饼，也可以在做好的奶油上直接放意式饼干作为调羹点心。夹在海绵蛋糕坯之间做成蛋糕时，最好增加卡仕达酱的用量，使其稍硬，这样可以更好地保持形状。这种奶油在传统甜点中用不到，所以本书没有提及，但它对于现代甜点来说必不可少。

粉类

中国的面粉分类法是按照蛋白质含量从低到高的顺序分为低筋面粉、中筋面粉、高筋面粉，但意大利的小麦粉不按照蛋白质含量分类，而是分为“软质小麦粉”和“硬质小麦粉”两大类。

软质小麦粉

软质小麦主要在气候寒冷、降水量多、湿度较高的意大利北部栽培，颗粒比较软。用途广泛，包括制作甜点、生意面、面包等。根据灰分含量*分为“00（>0.55%）”“0（>0.65%）”“1（>0.80%）”“2（>0.95%）”“全粒粉（灰分含量约为1.7%）”。灰分含量越高，面粉颗粒越粗糙，蛋白质含量也越高。中国的低筋面粉大致相当于意大利的“00”，一般来说“00”用于制作普通甜点，“0”用于制作发酵甜点或面包。

*灰分指小麦充分燃烧后残留下的灰烬的量。麦粒中越靠外的部分灰分越多，内部则灰分较少。除麸皮，胚芽中也含有很多灰分。灰分越多，面粉颜色越灰。

硬质小麦粉

硬质小麦主要在气候温暖、降水量少、比较干燥的意大利南部栽培。与软质小麦相比颗粒较硬。在意大利，碾磨两次的颗粒较细的硬质小麦粉叫作“semola rimacinata（重磨粗粒粉）”，而磨得较粗的叫作“semolino或semola（粗粒粉）”。与市面上的软质小麦相比，硬质小麦蛋白质含量较高，颜色偏黄。用于制作干意面、生意面、面包，以及南意大利的各种传统甜点。市面上还有一种“semolina（粗粒面粉）”，其实是介于“重磨粗粒粉

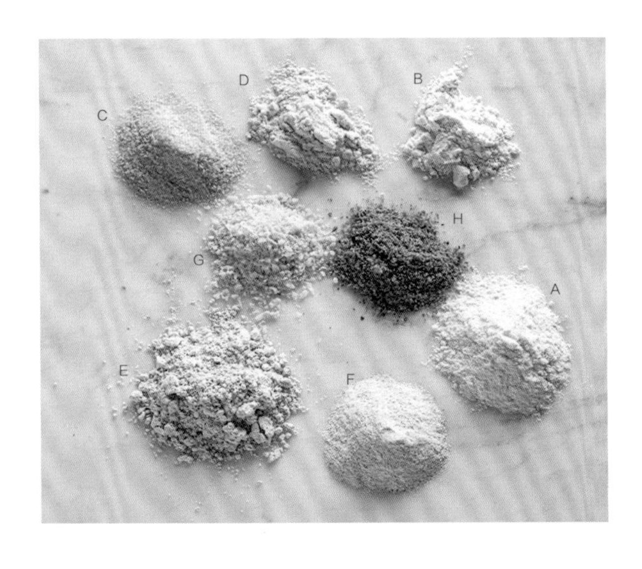

(A)”和“粗粒粉”中间的面粉。如果想令自己亲手做出的甜点更加接近意大利当地风味，最好通过专卖店或网店购买意大利的重磨粗粒粉。

马尼托巴面粉（B）

由蛋白质含量高的软质小麦碾磨而成的面粉。主要用于制作面包，产地是加拿大的曼尼托巴省。在中国可用高筋面粉代替。

玉米粉

用磨粉机碾磨干玉米粒制成的粉，相当于中国的玉米渣。主要在意大利北部使用，因为较冷的地区难以栽种小麦，所以耐寒性强的玉米在北部广泛栽培。在伦巴第、威内托常被用于制作甜点，由于颗粒粗糙、加热时间长，入口时的颗粒感和粗糙感值得玩味。传统上一般是粗磨（C）的，但现在也有细磨（D）的品种。

荞麦粉（E）

荞麦主要在横贯伦巴第和特伦蒂诺-上阿迪杰的阿尔卑斯山脉的山麓寒冷地带栽培，这一带土地贫瘠，难以种植小麦。最近作为无麸质食品受人瞩目。在国内可用国产荞麦粉代替。

栗子粉（F）

亚平宁山脉是贯穿皮埃蒙特和托斯卡纳的南北走向山脉，栗子粉在这一地区很常用，是栗子收获后去皮干燥、碾磨成的细粉。一到栗子收获的秋季，栗子粉就上架了，但由于产量少，所以有时会很快售空。栗子粉本身就稍带甜味，用它制作的甜点在加热后会产生独特的黏着口感。

杏仁粉（G）、开心果粉（H）

杏仁主要在意大利南部（特别是西西里岛）栽种，开心果则主要在西西里岛东部的勃朗特出产，将它们去皮（壳）粉碎后得到的就是杏仁粉和开心果粉。现在意大利全国都使用杏仁粉。如果买不到开心果粉，可以用料理机将去壳的开心果磨成细粉。

谷类

在南意大利，硬质小麦常常不会被磨成粉，而是直接煮熟后使用。硬质小麦所需的浸泡时间长达3天，所以超市里都有已经煮好的“熟麦粒（granocotto）”出售，非常方便。在国内可能难以买到硬质小麦的麦粒，所以可以选择自己喜好的麦粒煮软来代替。

甜味调料

一般来说，制作甜点用细砂糖，装饰用糖粉。馅料尤其常用传统的甜味调料，如蜂蜜、熬葡萄汁（vincotto，也叫mostocotto、sapa）。蜂蜜在意大利全国都出产，但北部常用金合欢花蜜，南部更常用橙花蜜。

鸡蛋

意大利的鸡蛋包装上必须标注蛋鸡饲养环境和鸡蛋尺寸。蛋鸡饲养环境的标注包括“0（放养且饲料采用有机农作物）”“1（放养）”“2（室内大型养鸡场饲养）”“3（鸡舍饲养）”这四种。鸡蛋尺寸则分为“XL（73克以上）”“L（63~72克）”“M（53~62克）”“S（53克以下）”。一般超市出售的鸡蛋都是1~3的M~L号。本书使用的鸡蛋尺寸为M号。

牛奶、鲜奶油

意大利的牛奶分为超高温瞬时灭菌（UHT）奶和高温短时灭菌（HTST）奶。前者保质期较长，常温下可保存3个月；后者需冷藏保存，且保质期为包装后起1周左右。这两种奶根据乳脂含量，还可分别进一步分为乳脂含量高于3.5%的全脂奶、乳脂含量在1.5%~1.8%的低脂奶、乳脂含量低于0.5%的脱脂奶。冷藏保存的类型保质期较短，因此一般家庭多用常温奶。另外，最近流行在家用低脂奶，但甜品店还是多用全脂奶。超市出售的鲜奶油的乳脂含量约为35%。意大利许多人有乳糖不耐受的症状，所以市面上贩卖的牛奶和鲜奶油一般都是去除乳糖的产品。

油脂

动物油脂

意大利的黄油基本都是无盐黄油，本书也使用无盐黄油。意大利南部常用猪背油制作甜点。猪背油是将猪背部的脂肪加热融化、使水分蒸发后再凝固而制成的，在意大利超市可以轻松购入。用猪背油制作甜点会增加酥脆的口感，所以很受喜爱。也用于油炸。

植物油脂

制作甜点用的植物油脂主要是橄榄油，尤其是在意大利南部多用。传统上，油炸用的是橄榄油，但现在花生油、玉米油、葵花籽油等也被用于油炸，以弱化油炸质感。也可以用色拉油代替。

水果

气候温暖的南部地区种植的柠檬和橙子等柑橘类水果在意大利全国广泛使用。它们常被制成糖渍品，磨碎的果皮则可以用来调味。柑橘在冬季收获，做成橘皮酱保存。在北部，收获季使用苹果、浆果、杏等水果的鲜果，还可以制成果酱和糖水蜜饯，供冬季以外的其他季节使用。

糖渍果脯、果干

橙子、柠檬、香橼（带有许多白色棉质成分的巨型柠檬）、南瓜（多汁味淡的水果型南瓜）和脱水樱桃制成的糖渍果脯是圣诞节甜点不可或缺的材料。果干则常用葡萄和无花果制作。本书食谱中的“橙子或柠檬的糖渍果脯”其实相当于常见的“橙皮丁”和“柠檬皮丁”，但在意大利都是整个大块出售的。糖渍果脯都可以用同类水果丁代替，但是由于不同的甜点要求的果脯切割方法也不一样，因此在本书中统一称为“糖渍果脯”。

奶酪类

里科塔奶酪（乳清奶酪，A）

典型的甜点用奶酪。一如其名（意文名recotta，“re” 意为“再次”，“cotta”意为“煮制的”），是制作奶酪后留下的乳清再次加热、添加凝结剂后浮出的凝乳。为方便起见将其归类为奶酪，但准确来说并不是奶酪，而是奶酪的副产品。意大利南部常用羊奶制作的里科塔奶酪，这是源于阿拉伯人带来的牧羊文化。

马斯卡彭奶酪（B）

是鲜奶油加热后加入柠檬酸以分离水和脂肪制成的。脂肪含量高，口感柔滑，用于制作提拉米苏等湿点心。

佩科里诺奶酪（羊奶酪，C）

是用绵羊奶制成的奶酪（意文名pecorino，“pecora”意为“绵羊”）。通常用于烹饪，但也用于制作甜点，主要是意大利中部和南部的甜点。新鲜的佩科里诺奶酪经过熟成但未硬化，熟成时间约为10天的叫作普里莫萨奶酪（primo sale），在国内可以通过网购的方式购买。磨碎的佩科里诺奶酪（D）是用充分熟成（6个月以上）的奶酪制作的，如果买不到，也可以考虑用帕马森干酪或哥瑞纳-帕达诺奶酪代替。

坚果类

杏仁

坚果中使用频率最高的一种。制作甜品用的生杏仁分为带皮（A）和去皮（B）的两种。如果买不到去皮杏仁，可以把带皮的生杏仁放入沸水中浸泡约20分钟，皮会自然剥落。本书食谱会用到烤杏仁，与市售的烤杏仁相比，用预热至180℃的烤箱烘烤约10分钟的杏仁风味更佳。西西里岛产的杏仁香味、口味都更加浓郁。

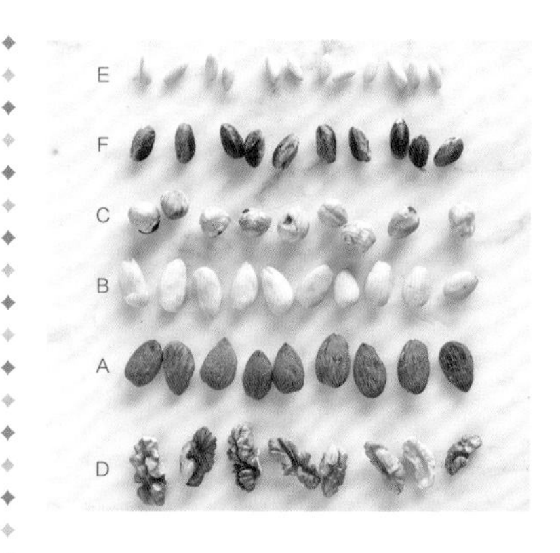

榛子（C）

意大利中北部常用，特别是皮埃蒙特大区。意大利人认为皮埃蒙特产的榛子品质最好。本书食谱采用去皮的生榛子。烘烤时应在预热至160℃的烤箱中烘烤约10分钟，由于其中油脂含量较高，需格外注意，防止烤焦。

核桃（D）、松子（E）、开心果（F）

这些坚果在意大利全国的丘陵地带和山地都有出产，但开心果的主要产地是西西里岛。 制作甜点用的都是未经烘焙的生坚果，可以在甜点材料商店购买。

淀粉

常用的是用玉米制成的玉米淀粉和用马铃薯制成的马铃薯淀粉（土豆淀粉）。两种淀粉性质有差别，用量少时可以相互替代，但用量大时口感会显著不同。意大利南部常使用小麦制成的小麦淀粉，这种淀粉凝固时拥有独特的黏性口感。如果买不到小麦淀粉，可以用玉米淀粉代替。

膨胀剂、酵母

制作甜点常用泡打粉（烘焙粉，意大利语称“lievito per dolci”）作膨胀剂。意大利南部常用碳酸氢铵（意大利语称“ammoniaca”），特别是用于制作意式饼干。意大利人用啤酒酵母来制作发酵甜点，但也可以使用生酵母代替。

酒

每种甜点的起源地都有当地特产的利口酒和葡萄酒，这些酒也用于制作甜点。意大利北部用果渣白兰地（grappa），中部用意大利胭脂虫红利口酒（alkermes），南部则用柠檬甜酒（limoncello）。在葡萄酒产区，有许多食谱也采用本地酿造的葡萄酒，地方特色风味也反映在甜点中。意大利全国各地都常用马尔萨拉葡萄酒和朗姆酒。制作甜点使用的其他酒还包括苦杏仁酒、茴香酒、莫斯卡托白葡萄酒等。

香料

肉桂、丁香和肉豆蔻主要用于制作圣诞节甜点，其他甜点用香料主要还有茴芹籽、茴香籽、芝麻和胡椒。有很多传统意大利甜点都采用香料，因为意大利曾受阿拉伯统治和东方贸易的影响。

香草豆很难购买，而且价格昂贵，所以日常生活中一般用香草粉或香草香精，而甜品店也常用香草豆。

香精类

常用的有苦杏仁香精、香草香精和橙花水。从橙花中提取的橙花水在意大利南部常被用于制作甜点，在中国，人们常把它叫作橙花纯露、橙花精。

巧克力、可可粉

在意大利用名为“cioccolato fondente”的苦巧克力制作甜点。可可含量最好为70%以上。可可粉在意大利语中称为“cacao inpolvere”，制作甜点用无糖可可粉。

面包糠

意大利的面包糠有两种类型，一种是把面包皮经过彻底干燥后磨成的细粉，叫作“pangrattato（细面包糠）”，另一种是用面包柔软的白色部分磨成的，叫作“mollica（白面包糠）”。用于制作甜点的主要是细面包糠，在国内可以将白面包糠在平底锅中轻轻炒干后用料理机进行精细研磨。

装饰

彩色糖珠是意大利南部庆典甜点的必不可少的装饰。珍珠糖球不常用，但制作婚礼甜点时需要用到。意大利的糖针是形状细长的，但也可以用圆形的糖珠代替。

食用色素

主要用于制作杏仁糖点。市面上出售的食用色素种类繁多，不过只要按一定的比例混合红、蓝、黄三种颜色来调出自己想要的颜色就可以了。

意大利甜点术语

甜点 / DOLCE

指所有“甜的东西”，是甜点的总称。在描述点心零食时特指“甜的东西”，不过描述“甜味”的时候也会用到“dolce”这个词。

餐后甜点 / DESSERT

指饭后食用的甜点，词源是法语词“desservir”，意为“撤餐”。在意大利，饭后吃的水果不算餐后甜点，所以习惯上吃过水果或坚果（核桃或榛子等）之后还要再另外吃餐后甜点。习惯上饭后要喝咖啡（意式浓缩咖啡）或者餐后酒，但一般不喝加入乳制品的饮料，例如卡布奇诺。另外，咖啡或餐后酒不和餐后甜点一同享用，而是在餐后甜点用完后才上。

意式饼干 / BISCOTTI

这个词由“bis（两次）”和“cotti（烘烤）”组成，所以严格来说应该指轻歌脆饼（→P.99）那样烤两次的饼干。但是现在常用作曲奇饼干等小小的烤制甜点的总称，其中也包含没有经过两次烘烤的甜点。

馅饼 / TORTA

这个词并不是我们说的“挞”，而是指所有的烤制甜点，但一般指用小麦、黄油、白糖、鸡蛋再加上其他副材料烤制而成的甜点，而且基本上都是圆形的。不论有无挞皮都可以叫“torta”，而且还包括在切得很薄的烤制面饼或蛋糕坯上叠加奶油的甜品，这种甜品在中国一般叫作“蛋糕”。

挞 / CROSTATA

这个词才是我们说的“挞”。把挞皮放入模具中，再加入果酱、橘皮酱、奶油等，其上再放上抻薄的、切成细长条的挞皮，铺成格纹，然后再经烘烤，制成的就是挞。这是在意大利全国家庭都会制作的经典甜点。

迷你甜点 / MIGNON

指一口大的小型湿点心。以前的甜点烤得很大，但20世纪60年代以后出现了迷你甜点。因为这种甜点很小，吃一次甜点可以各种种类都享用一点点，所以非常受欢迎，它占据了各种甜品店的橱窗。要带走的时候，可以请店员把喜欢的迷你甜点放入纸托盘。

烘焙甜点 / DOLCE AL FORNO

“Forno”意为“炉子”，所以这个词是烘焙甜品的总称。过去甜点都是在面包店的木柴窑里烤的，现在面包店还残留着在店面摆放意式饼干等甜点的传统。

油炸甜点 / DOLCI FRITTI

是油炸甜点的总称。狂欢节期间意大利各地都会制作食用各式油炸甜点，这是为了在斋戒前摄取足够的营养。家庭制作的甜点中很多都是油炸甜点，是因为过去烘焙甜点需要用烧木柴来烘烤，相比之下油炸更简便。油炸时，过去用的是橄榄油或猪背油，现在多用玉米油、葵花籽油等单一植物榨取的油。最近花生油也很受欢迎，因为花生油炸出来的东西松脆轻盈。

意式冰激凌和雪葩 / GELATO E SORBETTI

意式冰激凌是用牛奶、鲜奶油、鸡蛋等含油脂的食材制作的，制作时用机器搅拌一定时长以打入空气，要在零下15℃左右保存。与此相反，雪葩不含油脂，是用糖浆、水果果实作为基底的冷冻食品。为防止冻硬，常加入马尔萨拉葡萄酒等度数较高的强化葡萄酒。

副餐 / SPRUTINO

午后甜点 / MERENDA

“Sprutino”的词源是“spontaneo”，意为“自发的”，主要是指上午、深夜吃的用来果腹的轻食，除了甜点之外也可以包括意大利面等其他食物。而“merenda”是午后或者放学、下班途中吃的甜点，因为意大利晚餐一般吃得较晚，人们在午后需要吃一点甜的东西。“Merenda”也指超市出售的包装点心或甜品店的甜面包。

意式甜甜圈 / CIAMBELLA

指中间挖空的甜甜圈形的甜点。既包括小小的环形饼干，也包括大型的烘焙甜点，种类丰富。大型的有时也被称为馅饼（torta）。

馅料 / RIPIENO

指填入面团、基底或坯中的馅，常用面包糠、用剩的饼干、坚果来制作。由于馅料一般采用各地制作或出产的特产食材，所以能够体现当地特色。

甜品店 / PASTICCERIA

指甜点专卖店，词源是“pasta”，意为“面团”。也叫作“甜点店（dolceria）”。意大利的甜品店有只卖甜品的，也有兼设酒吧的酒吧·甜品店。其他的专卖店还有冰激凌店（gelateria）、巧克力店（cioccolateria）、可丽饼店（creperia）、糖果甜食店（confetteria）等。

甜点相关意大利语词汇一览表

汉语	意大利语
面粉	farina
低筋面粉	farina 00
重磨粗粒粉	semola rimacinata
软质小麦	grano tenero
硬质小麦	grano duro
斯佩耳特小麦	farro
荞麦粉	farina di grano saraceno
栗子粉	farina di castagne
玉米粉	farina di mais
玉米淀粉	amido di mais
马铃薯淀粉	fecola di patate
小麦淀粉	amido di grano
泡打粉（烘焙粉）	lievito per dolci
啤酒酵母	lievito di birra
水	acqua
盐	sale
细砂糖	zucchero semolato
蜂蜜	miele
牛奶	latte
鲜奶油	panna
黄油	burro
橄榄油	olio d’oliva
色拉油	olio di semi
鸡蛋	uova
里科塔奶酪	ricotta
马斯卡彭奶酪	mascarpone
佩科里诺奶酪	pecorino
佩科里诺奶酪碎	pecorino grattugiato
杏仁	mandorla

汉语	意大利语
核桃	noce
榛子	nocciola
松子	pinoli
开心果	pistacchio
杏仁糖霜	marzapane
橙子	arancia
柠檬	limone
香橼	cedro
樱桃	cigliegia
苹果	mela
葡萄干	uva secca
无花果干	fichi secchi
糖渍果脯	frutta candita
肉桂	cannella
丁香	chiodo di garofano
肉豆蔻	noce moscata
茴芹籽	semi di anice
茴香籽	semi di finocchio
月桂叶	alloro
番红花	zafferano
芝麻	sesamo
胡椒	pepe
香草	vaniglia
橙花水	essenza di fiori d’arancia
苦杏仁香精	essenza di mamdorla amara
巧克力	cioccolato
热巧克力	cioccolata calda
白面包糠	mollica di pane
面包糠	pangrattato

字母索引

B

白葡萄酒小甜甜圈	122
薄酥卷饼	70
缤纷杏仁饼干	171
波伦塔与小鸟	34
波伦塔之爱	28

C

丑糕	30
丑萌饼干	41

D

蛋白糖酥	9
蛋奶风味烤布丁	106

F

蜂蜜果脯糕	96
蜂蜜卷	155
蜂蜜油炸小松果	182
佛罗伦萨扁蛋糕	100
复活节羔羊	194
复活节鸽子面包	36

G

嘎吱糖霜脆	33
果干玉米饼	118

H

海绵馅饼	48
花纹松饼	146
黄金面包	64
婚礼花卷	202
婚礼杏仁挞	196

J

坚果贴贴卷	156
尖角奶酪挞	198
教皇糕	46
金黄玉米饼干	54
荆棘王冠酥	82

K

卡普里巧克力蛋糕	132
开心果蛋糕	166
烤杏仁糖	195
可可布丁	12
克拉芬	74
克鲁米里饼干	7
科涅巧克力蛋奶酱	16
苦杏仁饼	12

L

莱切夹心小蛋糕	148
朗姆巴巴	142
栗子可丽饼	104
亮彩蛋糕圈	110
裂纹菱形饼干	98
菱形提子饼干	200
罗马奶油夹心面包	124

M

曼多瓦酥饼	164
曼托瓦饺子饼干	26
猫舌饼干	8
梅花小饼干	18

面包糠丸子	76
N	
奶酪夹心千层酥	134
奶酪麦粒格纹挞	136
奶酪麦粒羹	188
柠檬小蛋糕	138
牛奶炸糕	60
牛肉馅饺子饼干	168
女王饼干	170
P	
帕罗佐巧克力蛋糕	144
潘多罗面包	64
潘娜托尼面包	38
潘泰莱里亚之吻	180
皮特挞	78
品萨饼	58
普利亚救赎面包	152
Q	
巧克力萨拉米	32
荞麦蛋糕	68
轻歌脆饼	99
曲纹面包	80
R	
热那亚饼干	172
热那亚甜面包	20
S	
萨芭雍蛋酒酱	10
萨伏依饼干	10
沙砾蛋糕	52
蛇形杏仁糕	114
什锦果脯扁糕	116
圣公斯当休面包圈	112
圣约瑟海绵泡芙	176
圣约瑟油炸泡芙	141
十字杏仁无花果干	158
淑女之吻	6
水果啫喱	186
T	
糖霜意面挞	44
提拉米苏	62
甜粗麦粉	190
天堂蛋糕	24
田园粗粮蛋糕	130
W	
瓦片饼干	16
维琴察罗盘甜甜圈	56
无花果泥环形酥	174
X	
西西里卡萨塔蛋糕	184
鲜葡萄扁面包	108
小鱼面包干	55
杏仁面果	192
杏仁牛奶布丁	189
杏仁酥碎饼	22
修道院蛋糕	50
修女酥胸	154
Y	
胭脂夹心饼	120
羊奶酪蜂蜜炸果	204
羊奶酪饺子饼干	119

意式冰沙	187
意式栗子蛋糕	94
意式米糕	42
意式奶冻	14
意式香炸奶酪卷	178
意式小甜甜圈	150
英式甜羹	105
油炸面旋	72
圆帽蛋糕	102

Z

珍宝蛋糕	66
榛果蛋糕	4

意大利甜点的历史

古希腊/伊特鲁里亚时代

出现现代甜品的雏形

古希腊时代（公元前30世纪～公元前1世纪）出现了类似于面包的食物，被用作“献给神的供品”，成为甜点的雏形。

公元前30世纪～公元前1世纪
●什锦果脯扁糕→P.116
●蜂蜜卷→P.155
●坚果贴贴卷→P.156

古罗马帝国时代

面包和甜点被加以区分，甜点制作技术进步

使油炸甜点膨胀的发酵技术出现，甜点不再被视为高级食品，向平民百姓普及。

公元前736年～公元前480年
●嘎吱糖霜脆→P.33
●牛奶炸糕→P.60
●罗马奶油夹心面包→P.124
●花纹松饼→P.146

阿拉伯人统治西西里岛时期（9世纪）

白糖、香料、柑橘等新食材传入西西里岛

随着阿拉伯人带来新的食材，西西里岛诞生了新的甜点文化。冰点心的原型——意式冰沙（→P.187）也传入了西西里岛。

827年～1130年
●苦杏仁饼（原型）→P.12
●意式香炸奶酪卷→P.178
●西西里卡萨塔蛋糕→P.184
●水果啫喱→P.186
●杏仁牛奶布丁→P.189
●烤杏仁糖→P.195

中世纪盛期

修道院甜点发展

基督教权力强化，掀起了修道院内制作祭典用甜点的潮流。通过十字军东征和东方贸易，香料、柑橘类水果等食材从东方传入意大利全境。

11世纪
●梅花小饼干→P.18
●裂纹菱形饼干→P.98
●田园粗粮蛋糕→P.130
12世纪
西西里卡萨塔蛋糕发展成现在的形式
●杏仁面果→P.192
13世纪
●修道院蛋糕→P.50
●小鱼面包干→P.55

文艺复兴时期（14世纪～15世纪）

意大利贵族势力扩大，豪华的宫廷甜点登场

宫廷甜点是美第奇家族、萨伏依家族等贵族王室与外国王室举办交流宴会时食用的。南蒂罗尔（特伦蒂诺-上阿迪杰大州）受奥地利的哈布斯堡家族统治，奥地利甜点传入当地。

14世纪
●萨伏依饼干→P.10
●甜粗麦粉→P.190
15世纪
意大利第一本现代烹饪相关食谱诞生
●萨芭雍蛋酒酱→P.10
●曼托瓦饺子饼干→P.26
●意式米糕→P.42
●维琴察罗盘甜甜圈→P.56
●面包糠丸子→P.76
●曲纹面包→P.80

近世（16世纪～19世纪前半期）

加入可可的甜点出现，白糖向民间普及

16世纪初西班牙人发现新大陆，由此可可豆传入西西里岛和皮埃蒙特。美洲大陆甘蔗种植大获成功，白糖在平民间普及。

16世纪
冷冻技术诞生
●丑糕→P.30
●教皇糕→P.46
●圆帽蛋糕→P.102
●英式甜羹→P.105
17世纪
现代形式的意式冰激凌诞生，咖啡从土耳其传入威尼斯
●可可布丁→P.12
●珍宝蛋糕→P.66
●奶酪夹心千层酥→P.134
●牛肉馅饺子饼干→P.168
18世纪～19世纪前半期
意大利受法国统治
●蛋白糖酥→P.9
●沙砾蛋糕→P.52
●朗姆巴巴→P.142

近代（19世纪后半期）

工业革命带来了商品批量生产，正式的甜品店出现

19世纪初的工业革命带来了大规模机械化生产。同时，专制甜品的小规模店铺正式登场，原创甜点应运而生。

19世纪
意大利统一（1861年）
●1878年　克鲁米里饼干→P.7
●1878年　天堂蛋糕→P.24
●1878年　丑萌饼干→P.41

现代（20世纪至今）

新式甜点诞生

迷你甜点（→P.220）出现。甜点师们争相创造超越传统的新甜点。

20世纪
●1900年　意式奶冻→P.14
●1920年　卡普里巧克力蛋糕→P.132
●1926年　帕罗佐巧克力蛋糕→P.144
●1960年　波伦塔之爱→P.28
●1978年　柠檬小蛋糕→P.138
●1981年　提拉米苏→P.62

文艺复兴时期的意大利贵族强权和甜点文化的发展

美第奇家族

美第奇家族从文艺复兴时期佛罗伦萨的银行业、政治界起家，从15世纪起势力扩大，一度成为佛罗伦萨实质上的统治者，其后成为托斯卡纳大公国的君主家族。1533年与法国王室联姻，将甜点技术带到法国。16世纪中期家族势力达到顶峰。英式甜羹和圆帽蛋糕都起源于美第奇家族。

萨伏依家族

萨伏依家族曾经统治萨伏依公国，该公国领土包括今天的意大利皮埃蒙特、法国部分地区、瑞士部分地区。1861年意大利统一后成为意大利王室。萨伏依饼干、萨芭雍蛋酒酱都起源于萨伏依家族。

本书写作的资料来源

『イタリア食文化の起源と流れ』/ 西村暢夫著文流 2006年

L'Italiadeidolci / Slow Food Editore 2003年

L'Italiadeidolci / Touring Club Italiano 2004年

Viaggi del gusto / Editoriale DOMUS 2005年

La cucina del mediterraneo / Giuseppe Lorusso著 GIUNTI 2006年

Ricette di osterie d'Italia I dolci / Slow Food Editore 2007年

Guida ai saporiperduti / Marcella Croce著 Kalos 2008年

Atlantemondialedellagastronomia / Gilles Fumey, Olivier Etcheverria著 VALLARDI 2009年

Atlantedeiprodottiregionaliitalian / Slow Food Editore 2015年

I segreti del chiostro / Maria Oliveri著 Il Genioeditore 2017年

La versione di KNAM / Ernst Knam著 GIUNTI 2017年

摄　　影：在本弥生、佐藤礼子（除文前P.2–3和P.229，其他图片皆为实地拍摄。）

装帧设计：望月昭秀＋境田真奈美（NILSON）

造　　型：曲田有子

校　　对：Verita

烹饪助理：三谷智佐子

编　　辑：至田玲子

特别鸣谢：TRANSIT、龙田胤德、Cafe Fuze、Ceramica Spumo（中村智世）

图书在版编目（CIP）数据

意大利甜点图鉴 /（日）佐藤礼子著；刘宸玮译. —北京：中国轻工业出版社，2022.6
ISBN 978-7-5184-3842-6

Ⅰ. ①意… Ⅱ. ①佐… ②刘… Ⅲ. ①甜食—制作—意大利—图集 Ⅳ. ①TS972.134-64

中国版本图书馆 CIP 数据核字（2022）第002917号

责任编辑：王晓琛　　责任终审：高惠京
整体设计：锋尚设计　　责任校对：朱燕春　　责任监印：张京华

出版发行：中国轻工业出版社（北京东长安街6号，邮编：100740）
印　　刷：北京博海升彩色印刷有限公司
经　　销：各地新华书店
版　　次：2022年6月第1版第1次印刷
开　　本：880×1230　1/32　印张：7.5
字　　数：250千字
书　　号：ISBN 978-7-5184-3842-6　定价：79.80元
邮购电话：010-65241695
发行电话：010-85119835　传真：85113293
网　　址：http://www.chlip.com.cn
Email：club@chlip.com.cn
如发现图书残缺请与我社邮购联系调换
200820S1X101ZYW